JN208051

グローバル時代の食と農 5

小農経済が変える
食と農

労働と生命の再生産

ICAS日本語シリーズ監修チーム 監修

ヤンダウェ・ファンデルプルフ 著

池上甲一 監訳

松平尚也／山本奈美／黒田 真／鶴田 格 訳

明石書店

Peasants and the Art of Farming: A Chayanovian Manifesto
by Jan Douwe van der Ploeg

「グローバル時代の食と農」シリーズの刊行にあたって

　私たちの食生活は、世界中から集められた「美しい」食材で溢れている。しかし皮肉なことに、これらの食材は、誰がどのように生産したのかが分からないために、不安とよそよそしさを生み出してもいる。そこで改めて、食と農、さらにはその基になっている自然と地域社会を見直そうという機運がかつてなく高まっている。そのことは、この数年間で私立大学に農学部およびそれに類する学部が相次いで開設されたことによく示されている。また地方大学では、農業や地域産業を含む地域立脚・地域志向型学部（地域協働学部や地域創成学部など）への再編を行ったところも少なくない。

　しかし、こと日本の農業について語るときには常に過疎化、高齢化、後継者不足という、ステレオタイプの理解がつきまとっている。この理解は、今のままでは日本農業に未来がないので、大胆な改革が必要であるという言い分につながる。この言い分は、コスト競争力を強化し、農産物をどんどん輸出して「儲かる農業」に変えていくことを求める。中小規模の「農家」が多数を占める、現在のような日本農業ではダメで、少数の大規模家族経営や法人経営のような効率的「農業経営体」を育成しなければならない。これからはICT（情報通信技術）やロボットを駆使する最先端の農業を行える「農業経営体」だけが世界規模の大競争に勝ち抜き、生き残っていける。このような情報技術を使うアグリカルチャー4.0の時代に対応できない中小規模の農家や高齢経営者には「退場」してもらうしかない。

　こうした効率優先、利益第一、市場万能、競争礼賛の考え方は、まさに新自由主義的な経済思想にほかならない。この経済思想は、生命と自然を大事にする地域密着の農業から利益優先の農業・食料システムへの転換を図っている。しかし、本当にそれで私たちは幸せになれるのだろうか。翻って、日本から目を転じたときに、世界の農業もまた新自由主義的な方向性に覆いつくされているのだろうか。世界的な視野から日本の農業を見直すと、ステレオタイプの言説に囚われた理解を乗り越えて、新しい視野を獲得することができるのではないだろうか。

　この問題を考える上で、「グローバル時代の食と農」シリーズ（原書版シリー

ズ名 Agrarian Change and Peasant Studies Series）はとても有益な示唆を与えてくれる。本シリーズは、効率性や市場万能主義が跋扈しているかに見える世界の農業とそれを取り巻く研究が、「誰一人取り残さない」視野に立脚し、新自由主義とは大きく異なるパースペクティブを持っていることを教えてくれる。食と農は人間の生命と生活の根源に深くかかわっているし、農の営みが行われる農村空間は社会的にも景観的にも経済にとどまらない多彩な意味を持つからである。

　確かに、新自由主義的なグローバリゼーションが深化していく中で、農業とそれを取り巻く社会関係は大きな変容を迫られてきた。しかし私たちは、その変容がもたらす意味についてきちんと考えてはこなかったように思う。また、この変容の中で農民がどのように生きているのか、農民たちが世界中の農民と連帯し、またNGO（非政府組織）などの市民社会組織、さらには国際機関と連携を強めていることに無関心であったように思う。本シリーズによって、私たちは日本からの視点だけでは見えにくい農の全体性をしっかり理解できるだろう。

　このシリーズは、国際的な研究者ネットワークである ICAS（Initiatives in Critical Agrarian Studies）に集まった世界でもトップクラスの研究者による書き下ろしの Agrarian Change and Peasant Studies Series を翻訳したものである。本シリーズは、ICAS のイニシアティブをとり、また農と食に関する国際的学術誌として名高い JPS（Journal of Peasant Studies）の編集長でもあるサトゥルニーノ（ジュン）・ボラス・ジュニア教授の発案によるところが大きい。

　ここで、本シリーズを日本語訳として読者に提供できるようになった経緯を少し振り返っておきたい。ジュン・ボラスから監修チームの一員である舩田クラーセンさやかに、本シリーズの日本語版出版の打診があったのは 2014 年のことである。その後、同じく監修チームの池上甲一が舩田からの連絡を受け、2015 年 6 月にタイのチェンマイで開かれた土地収奪（landgrabbing）の国際会議（Land Grabbing: Perspectives from East and Southeast Asia）でジュン・ボラスと会うことにした。池上は初めての出会いだったが、会場の片隅で話をするうちに飾らない人柄と熱情に魅かれ、また彼の考えにシンパシーを感じるようになった。本シリーズを日本で紹介することは意味があることは承知していたが、改めてその意義を確認し、なんとか彼の希望を実現したいと考えるようになった。とはいえ、日本の出版状況はたいへん厳しいので、道は遠いことを覚悟しなければならなかった。帰国後に、出版社と交渉する一方で、通称ランドグラブ（土

地収奪）科研（アグリフードレジーム再編下における海外農業投資と投資国責任に関する国際比較研究、研究代表者：久野秀二、2013年度～2015年度）のメンバーと相談し、この科研のまとめとして予定している国際シンポジウムに招聘して、より詰めた相談をすることにした。シンポジウム後に京都大学で、監修者チームのメンバーがジュン・ボラスと打ち合わせを行い、大まかな方針を確定した。その後、若干の時間が必要だったが、本シリーズを日本の読者に届けられるようになったのはうれしい限りである。

　本シリーズはすでに多数の言語に翻訳され、それぞれの文化圏で高い評価を得ている。今回、明石書店から日本語版を刊行できることとなり、お礼を申し上げたい。おかげで、遅ればせながら日本でも世界最高水準の研究に接することができるようになった。

　新しい方向性や羅針盤を探している農民や農業関係者はもとより、農や食に関心のある学生や研究者、開発援助にかかわる実務家や市民社会組織、一般社会人にも本シリーズを手に取ってもらい、多くの刺激を得てほしい。

ICAS日本語シリーズ監修チーム一同

日本の読者へのメッセージ

筆者は2016年に日本を訪ねる機会を得た。京都大学の久野秀二教授の招待で、日本人の学生と留学生に一連の講義をした。これらの講義が終わった後、筆者と妻はいくつかの農場、家族、農村、研究室に招かれ、そして農村のあちこちに立地している食料マーケット［ファーマーズ・マーケットなど：訳者補充］を訪問した。こうした機会の間に、筆者は小農が「100の事柄をこなすことができる」人のことを表す表現だと学んだ。筆者たちは、ほとんどの農村の魅惑的な美しさに衝撃を受け、田畑で働く人たち（男も女も）の技法に深く感銘した。筆者は、このような美しさと技法こそが、本当に、多岐にわたる「農の技（わざ）」の表れだと考えている。

筆者たちは、さまざまの困難を抱えながらも、新しい経営を始めた若者たち（男女）の努力と熱意にとりわけ圧倒される思いだった。彼ら／彼女らはしばしばアグロエコロジー的な農業とともに、アグロツーリズムにも携わっていた。筆者たちの見るところ、こうした小農たちは日本の農業の持つ歴史を将来と結びつけるヒーロー／ヒロインであり、農業と農村に備わっている多面的な豊かさを守っている。農の豊かさを守り、さらに発展させていくための多面的な闘いを正当化するのは、まさにこの社会的－物質的な豊かさにほかならない。

筆者は、本書の翻訳に労をとってくださった池上甲一教授と監修チームに厚く感謝申し上げる。彼らは素晴らしい仕事をしてくれた。この訳書が、小農的農業の将来のために闘っている日本の人たちすべての役に立つことを心から祈っている。

ヤンダウェ・ファンデルプルフ

2024年5月20日　ワーヘニンゲンにて

謝　辞

　筆者は、まずもって以下の地域でお世話になった小農たちに感謝を申し上げたい。ペルーのカタカオス、アンタパンパ、ルチャドレス、コロンビアのアルジェリア、ソンソン、チョコ、ギニアビサウのブバとトンバリ、イタリアのレッジョ・エミリア、パルマ、カンパーニャ、ウンブリア、モザンビークのナミアロ、南アフリカのムトゥンジニとエンパヘニ、ポルトガルのトラス・オス・モンテス、中国の三岡、ブラジルのロンドリナとドス・イルマオス、それからとくにオランダのフリースランおよびその他の地域。これらの地域の小農たちは個人的に、また集団として筆者に重要ないくつもの教訓を与えてくれた。以下の本文で記すことが小農たちの実践と夢、それに語りを正しく反映していないとすれば、その責は筆者にある。

　筆者はまた、本シリーズへの参加を呼び掛けてくれたサトゥルニーノ・M.ボラス・ジュニア（Saturnino M. Borras Jr）に感謝したい。葉敬忠（Ye Jingzhong）はジュン・ボラス、ヘンリー・バーンスタイン（Henry Bernstein）、その他大勢の人たちとの毎年開かれるミーティングの手配と出席に多大な努力をしてくれた。これらのミーティングのおかげで、筆者は本書を書く勇気を抱くに至った。本書は、関連性が失われないように語り継がれ、何度も語り直され、議論される必要がある諸々の大きなアイデアのひとつについてのものである。ニック・パロット（Nick Parrott）は本書を注意深く編集してくれた。

　本書の出版に尽力してくれた、以下のファーンウッド出版（Fernwood Publishing）の面々にも感謝している。エロール・シャープ（Errol Sharpe、出版）、マリアンヌ・ウォード（Marianne Ward、校正）、ブレンダ・コンロイ（Brenda Conroy、文章デザイン）、ジョン・ファン・デル・ウーデ（John van der Woude、表紙デザイン）、ビバリー・ラチ（Beverley Rach、制作コーディネート）、ナンシー・マレック（Nancy Malek、プロモーション）。彼らは素晴らしい仕事をしてくれた。

シリーズ編者による序文

ヤンダウェ・ファンデルプルフ（Jan Douwe van der Ploeg）による本書は、ICAS
（Initiatives in Critical Agrarian Studies）の企画になるシリーズ（邦訳「グローバル時
代の食と農」シリーズ）の第2巻にあたる（日本語訳では第5巻）。第1巻は、ヘ
ンリー・バーンスタイン（Henry Bernstein）の手になる『農業を変える階級ダイ
ナミクス』（邦訳は近刊予定）である。実のところ、本書はバーンスタインの第
1巻と好一対を成している。この2冊を合わせると、今日の農業研究における
農業政治経済学の分析レンズが戦略的に重要であり、かつ妥当であることが再
確認できる。2冊とも世界でトップクラスといってよい質の高さを持っている。
このことは本シリーズの後続巻が、政治的に適切で科学的に厳密なものとなる
ことを約束するだろう。

　農業の変化に関する本シリーズについて少し説明を加えることで、ヤンダ
ウェの手になるこの著作がICASの知的かつ政治的なプロジェクトとどうかか
わっているのかを理解する助けとしたい。

　今日、地球を覆う貧困問題は依然として農村問題であり続けている。世界の
貧困人口の4分の3は農村に住む。それゆえ、地球規模の貧困を終わらせると
いう挑戦は、経済、政治、社会、文化、ジェンダー、環境など多局面にわたる
問題であり、農村の貧困を生み出し、再生産し続けている仕組みに対して、農
村で働く人たちによる抵抗と、農村の貧しい人たちが維持可能な生計を求める
闘いとの両方に深く関連している。それゆえ、農村開発への関心と焦点化は開
発を考える上できわめて重要な位置にある。しかし、この関心と焦点化は農村
問題と都市問題の関係を切り離すことを意味するものではない。問題は農村と
都市の間の結びつきをよりよく理解することである。その理由の一端は、農村
の貧困から抜け出す道が新自由主義的な政策によって固められ、世界の貧困と
の闘いに大きくかかわり、また主導的な役割を担っている主流の国際的金融・
開発機関の取り組みが単に農村の貧困を都市のそれに置き換えてきただけだと
いう点にある。

　農業研究についての主流派は豊かな資金援助を受けており、それゆえに農業
問題における調査や研究や出版物を長らく独占することができた。この新自由

主義的な考えを喧伝している世界銀行のような組織の多くの出版物は、世界中に広く流布され、アクセスしやすい上に、そこでは政策指向的な出版物を生み出し広げる技術を獲得することもできた。一流の学術機関に属する批判的思想家たちは、いろいろな方法で現在の主流派に異議申し立てをすることができるし、実際にそうした活動に携わっている。しかし、一般的には学術界に限定されているので、一般の人たちに対する広がりや影響は限られる。

　グローバル・サウスでもグローバル・ノースでも、アカデミックな分野に属する人たち（教員、学者、学生）、社会運動家たち、開発実務者たちは、科学的に厳密でありながら、アクセスしやすく、政治的に適切で、かつ政策志向的であって、しかも手頃な価格の批判的農業研究に関する書籍を求めている。しかし、こうした需要との間にはいまだに大きな隔たりが残っている。こうした需要に応じて、ICAS は「グローバル時代の食と農」というこのシリーズを立ち上げた。それぞれの冊子はカギとなる諸問題に基づいて、開発に関するある特定の論点を説明する。諸問題には以下のような問いかけが含まれる。特定のトピックにおける現在の主題と争点は何か、カギとなる学者、思想家、そして実際の政策実行者は誰か、そのような立場は時代の移り変わりの中でどのように生まれ、展開したのか、現在の軌跡の先にどのような将来があり得るのか、参照すべき重要文献は何か、そして最後に、NGO 関係者、社会運動家、政府開発援助業界、非政府の援助機関、学生、学者、研究者、政策専門家にとって、冊子の中で説明される重要な論点に批判的に関与することがなぜ、どのように重要なのか。それぞれの冊子は、理論的・政策指向的議論とさまざまな国と地域から得られた実証例とを結びつけることになる。

　本シリーズは、複数の言語に翻訳されている。当初は少なくとも、英語に加えて中国語版、スペイン語版、ポルトガル語版の三つが入手できた。中国語版は北京の中国農業大学人文開発学部との共同出版で、葉敬忠（Ye Jingzhong）が責任者となった。スペイン語版は、メキシコのサカテカス自治大学大学院開発研究プログラムのラウル・デルガド・ワイス（Raúl Delgado Wise）が調整役を果たした。ポルトガル語版は、ブラジルのパウリスタ大学プレジデンチ・プルデンチ校（UNESP）のベルナルド・マンサーノ・フェルナンデス（Bernardo Mancano Fernandes）がその任にあたった。

　本シリーズの経緯と目的についての説明に照らし合わせると、ヘンリー・バーンスタインの著作とヤンダウェ・ファンデルプルフの著作をそれぞれ本シ

リーズに含めることができてたいへん喜ばしく、また光栄に思っていることの理由がたやすく理解できるだろう。両書はともに、主題、入手しやすさ、妥当性と緻密さにおいて完全に一致している。私たちは本シリーズの輝かしい未来に興奮し、先行きを楽観視している！

ICAS シリーズ編者
サントゥルニーノ・M・ボラス・Jr
マックス・スプア
ヘンリー・ベルトメイヤー

小農経済が変える食と農	
労働と生命の再生産	
目　次	

「グローバル時代の食と農」シリーズの刊行にあたって　3

日本の読者へのメッセージ　6

謝辞　7

シリーズ編者による序文　8

第1章　小農と社会変革 …………………………………………… 13

分裂を生じさせる問題　13

小農理論の政治的意義　24

小農的農業と資本主義　29

チャヤノフが「天才」である理由　31

チャヤノフ流研究の系図　34

第2章　チャヤノフが見出した主要な二つのバランス ……… 37

賃労働なき、資本なき生産単位としての小農経営体　38

労働－消費バランス　46

労働－消費バランスの政治的意義　47

労働－消費バランスの科学的妥当性　48

効用と労働苦痛のバランス　51

主観的評価について　55

自己搾取　57

第3章　相互に影響しあう多様なバランス ……………………… 61

人間と生ける自然とのバランス　61

生産と再生産のバランス　68

内部資源と外部資源のバランス　70

自律と依存のバランス　74

規模と集約度のバランス（および農法の出現）　76

逆境での前進を求める闘い　80

統合体としての小農経営　83

農民層分解についての最後の注釈　88

第4章　　より広い文脈における小農的農業の位置 ……………93

交換関係によって媒介される都市・農村関係　94

移住によって媒介される都市・農村関係　96

農業対食品加工・食品販売　97

国家と小農層の関係　99

農業の成長と人口増加のバランス　102

第5章　　単収 ………………………………………………………105

労働主導型集約化の現在のメカニズム　110

労働主導型集約化の意義と広がり　120

労働主導型集約化が阻まれるとき　123

何が労働主導型集約化を促進させるのか　124

集約化と農業諸科学の役割　125

小農は世界の人口を養うことができるのか？　134

第6章　　再小農化 ……………………………………………………141

再小農化の過程とそのあらわれ方　143

西ヨーロッパの再小農化：バランスの再調整　144

用語説明　149

訳者解説　153

参考文献　167

【凡例】
・著者による注は注番号を付し各章末に、訳者による注は〔　〕で本文中、
　もしくはローマ数字を付し各頁の下欄に示した。

第1章
小農と社会変革

分裂を生じさせる問題

　小農問題について、ラディカル左派は根深く分裂してきた[i]。依然として、いくつかの点では分裂したままだ――ただ、政治的・科学的議論や新たな社会運動、さらには社会的・唯物的な現実そのものの中で、明らかにこの大きな溝はだんだんと埋まりつつある。この見方が楽観的すぎるというなら、溝はさほど解消されていないもののますます意味を失ってきていると主張してもいいだろう（これはとくに政治的な論争を解決する道になり得るかもしれない）。世界のあらゆるところで、以前の論争の限界を確実に超える新しい発展傾向が現れる中、初期の対立点は消えつつある。

　歴史的に見ると、主な論争は二人の代表的な唱道者であるウラジミール・レーニン（Vladimir Lenin）とアレキサンダー・チャヤノフ（Alexander Chayanov）に密接に関連づけられる。両者は20世紀初頭の数十年間、ロシア社会に長く眠っていたさまざまな利害や展望を反映した激しい論争を行ったが、これらの利害や展望は、1917年のロシア革命を経て劇的な形で前面に登場してきたものだった。当時のロシアは基本的に農業国であり、工業は国民経済のほんの一部を占めるにすぎず、小農の数は工業労働者を圧倒的に上回っていた。資本主

---

i）　本書では、'peasant(s)' を農民ではなく、小農と訳した。ファンデルプルフは、農業に携わる人たちの総称として 'farmer(s)'（農民）を用い、その中には小農、企業的農民、農業労働者などが含まれるとしている（巻末の用語説明を参照のこと）。小農とは自己管理可能な地域資源に基づく共生産を行い、主に家族労働力に依拠する（したがって賃金労働は発生しない）主体として位置づけられているので、辞書的な「隷属農」や「貧農」とは明確に異なる点に注意されたい。なお日本の「農家」は、基本的に「イエ制度」に基づく独特の枠組みであり、小農や農民と同義ではないことも指摘しておく。

義的農業企業体[ii]が現れ始めていたとはいえ（そしてその意義が熱く議論されていたものの）、地方住民の大多数は小農であり、その共同体は、ロシア人大半の日常生活を規制する枠組みを提供していた。レーニン派（および、より一般的にはボルシェヴィストたち）とチャヤノフ派（ある意味でナロードニキ[i]（生産組織学派）を代表）は、この現実を異なる仕方で解釈し、異なる社会集団（とくに小農層）の役割について異なる立場を取り、ロシア社会の未来について激しく論争した[iii]。

　もともと、この大分裂は、相互に強く関連する諸問題の中心に存在したものだった。最も重要な問題はまず、小農の階級的位置づけの定義にかかわっていたが、これは革命的過程において、ロシア人のさまざまな階層が果たし得る役割と同盟の性質など、実際的な問題と明らかに関係していた。第二に、小農的生産形態（peasant-like forms）（または「様式」）の安定性について多くの議論があった（Bernstein 2009 も参照のこと）。すなわち、小農は必然的に崩壊するのか、あるいは時間の経過とともに再生する可能性があるのだろうか、それとも、消滅と再構築の過程が濃淡を伴いながらも複合的に起こるのだろうかという点に関するものである。第三に、社会主義への移行に携わる人びとは、小農的農業を継続するものとして捉えるべきなのか、それとも変革の対象と捉えるべきなのか。小農的生産様式は、食料を生産し、社会全体の発展に重要かつ実質的に貢献する有望な方法なのだろうか。あるいは、ほかの生産形態、例えば大規模な国家が管理する協同組合（コルホーズや人民のコミューンであれ、何であれ）の方がはるかに優れているのだろうか。それとも、優れていると見なされていたそのような形態への移行を阻もうと闘う限りにおいて、小農層は変革の妨害物なのだろうか。それとも、小農層は農村において必要な変革の主たる原動力になり得るのだろうか。

　今日、つまり 21 世紀初頭の現在において、これらの問いの多くはひどく時代遅れに見えるかもしれない。とくに、これらの問いがもっぱら 1917 年後のロシアの状況に結びつけられているとすれば、なおさらそうだろう。しかしな

---

ii)　capitalist farm enterprise を資本主義的農企業とすると、加工や流通などの農業関連企業と誤解されかねないので、本書では、農業を企業的に行う事業体という意味で資本主義的農業企業体とする。

iii)　1903 年にロシア社会民主党は、レーニンが率いるボルシェヴィキとマルトフらによるメンシェヴィキに分裂した。前者は職業的革命家主導の急進的な革命遂行を主張した。一方、生産組織派（ナロードニキ）は、農民の啓蒙と組織化による帝政の打倒を目指した。チャヤノフは、小農を重視したので生産組織派に属すると見なされている。

お、私たちは以下の点を考慮する必要がある。

a) この論争が決してロシアに限定されたものではなかったという点である。当時の主な唱道者たちは、アメリカ、ドイツ（とくにプロイセン）、スイス、チェコスロバキア、イタリア、そして低地諸国（ベルギー、オランダ、ルクセンブルク）などほかの地域のさまざまな経験にも言及し、これらを分析結果に組み込もうとした。同様に、この論争は急速に東から西へ、そして北から南へと及ぶ世界的なものに広がった。つまり、権力が掌握される、あるいは大きな体制転換が生じるたびに、農村開発の過程全体において小農に卓越した役割を与えることが、社会主義（あるいは、もっと一般的にいえば、より良い社会）の構築に結びつくのかが問われたのである。この問いは、メキシコから中国、キューバ、ベトナムに至るまで、とくに小農が革命的な闘争の最前線で戦った国々で、繰り返し提起された（Wolf 1969）。これらの国々では、土地改革がどのようになされるべきか、というもうひとつの重要な問題にたどり着くことが多かった。これらは単なる理論的な問いを超え、1930年代のメキシコ、そして大戦後すぐに土地改革が計画され部分的に実施されたイタリアで喫緊の課題となった。1974年のポルトガル、その直後のアンゴラ、モザンビーク、ギニアビサウ、そしてカストロ革命後と2010年代初頭のキューバ、さらには1940年代後半と1978年以降の中国で、土地改革をめぐる議論は中心的な関心事になった。ベトナムでも、同様の議論が1954年ならびにドイモイ政策の始まった1986年に沸き起こった。なお、この議論が第二次世界大戦後に始まった日本では、いまだ決着がついていない。フィリピンで

iv) これらのアフリカ諸国は、ポルトガルの植民地支配下にあった。
v) ベトナムで進められた開発政策で、市場自由化と対外開放政策への転換を主な柱とする。農村の貧困がドイモイ政策のきっかけとなった。ドイモイ以降、集団農業の合作社は個人経営に取って代わられた。
vi) 日本では、1941年に農地を所有しない小作または小面積の自作地しか持たない小自作が全農家数の49%を、また小作地は全農地の46%を占めていた（農林省）。それが農地改革終了直後の1950年に小作と小自作は12%に、小作地は14%（1949年）にまで減少した。多数の小規模自作農を生み出し、寄生地主制と封建的な社会関係を打破した点が世界的にも評価されている。しかし、農地改革の過程、効果、農業生産への長期的影響など、いまだに決着がついていない問題が残っている。とくに、農地改革当時には社会政治的な変革に重点が置かれ、改革後の農業生産構造にはあまり関心が払われなかった点の評価は難し

は、1950 年代に主要な政策課題となり、その後、1986 年の総選挙が再び論争に火をつけ、1988 年のアキノ改革の最中とその後にいっそう激しくなった。ラテンアメリカでも同様の議論が、特定の結節点で幾度か生じたものの（ブラジルの農民連盟（As Ligas Camponesas）[vii]、ペルーにおける急進的な農地改革（Reforma Agraria））、最終的にこの議論は南米大陸一帯を覆うことになり、今日における各国の農業部門のあり方をかたどる一助となった。大陸を席巻した多くの土地改革は、チャヤノフ派の立場をとった*小農主義者*（campesinistas）とレーニン派の立場を取った*脱小農主義者*（descampesinistas）の闘争として、あるいはその立場が入れ替わった闘争として捉えることができる。このように、1917 年にロシアで最初に起こった論争は何度も何度も繰り返されてきた。ケルブレイ（Kerblay 1966: xxxvi）は次のように述べている。「レーニンが・・・大規模農園の速やかな没収と・・・小農の土地も含むすべての土地の国有化を要求したのに対して、農地改革連盟（the League for Agrarian Reform、チャヤノフはその執行委員会のメンバーだった）は、すべての農地を小農に移転させることを提案した」。

　小農共同体の（潜在的な）役割に関心が集まるにつれて、同様の議論が、やや異なる言葉を用いながら、再び出現した。例えば、ミール（mir）と呼ばれる小農共同体は、ロシアにおけるラディカルな政治運動にとってずっと重要な参照事項とされてきた。他の地域でも、移行の過程ではそのような共同体が潜在的な役割を持つことが認められていた。例えば、ラテンアメリカを代表するラディカルな思想家のマリアテギ（Mariátegui）は、「小農共同体は開発と変革のための実効性のある能力を体現している」と主張している（1928: 87）。

b)　論争は農業問題だけにとどまらず、多くの新しい問いにまで拡大した。例えば、ペルーでは、これは「*先住民族問題*」（el problema del indio）、すなわち、ケチャ語とアイマラ語を話す先住民族の問題となった。アンデス山脈で家畜を飼育する彼らは、ひどい差別に晒され、かつ搾取と抑圧の対象となっていた。マリアテギはこの「先住民族問題」を農業問題と巧みに

い。庄司（1999）、玉（2023）などを参照。

vii)　ブラジル共産党によって 1950 年代にブラジル北東部で組織された農民運動団体。当初は農村労働者の地位向上を目指したが、後には大規模農場のラティフンディオ廃止を目標とした。

関連づけ、先住民族の多次元的な疎外と従属は農村での生産にまつわるさまざまな社会的関係を根本的に変革することによってのみ解決できると主張した。同じことは、例えば、グラムシ（Gramsci）が「南部問題」を「農地問題」に結びつけたイタリアでも起こった（イタリア南部では大土地所有制度が社会を締め付ける効果を強め、それがイタリア全体の負担になっていた）。1920年のトリノ蜂起[viii]は、「労働者が、自分たちの勢力を、複数の親族的紐帯を通じていずれにせよ縁のある周辺農村の人びとと結びつけずに孤立する限り、労働者は間違いなく自動的に敗北の道をたどる」ことを明らかにした[2]（Lawner 1975: 28）。それ以来、この論争はさらに広がりを見せることになった。はるか後には、中国でも似た形で小農問題の拡大が定式化され、「三農問題」[ix]政策は、小農問題を、総力的農業生産と村落生活の魅力に結びつけて論じられた（Ye et al. 2010）。

　小農層に関する議論はまた、社会全体の発展に対する農業の貢献についての議論にも及んだ[3]。農業は、都市産業が資本蓄積を進め、必要な安い労働力を提供するために、ひどく搾取される可能性がある。しかし、別の選択肢を説く者もいる。（搾取された農業とは対照的に）裕福な農村地域は、たいへん魅力的な域内市場になり得るので、工業化を強力に下支えする可能性もあるという説である（Kay 2009）。もうひとつの議論は、ずっと後に現れた永続可能性[x]に関するものである。この議論を最初に始めたのが、例えばフリース（Vries 1948）のような、チャヤノフ的伝統に明確に位置づけられる人たちであったことは興味深い。今日、永続可能性への道筋について議論するならば、小農の役割に関する討議を欠くことはできない。し

---

viii）　1917年のロシア革命に影響されて、イタリアでは食料危機・経済危機をきっかけに、「赤い2年間」（1919年～1920年）と呼ばれるほどに、ストライキ、暴動が常態化した。1920年9月には「工場占拠」事件が起きたが、全国には波及しなかった。トリノではグラムシによる労働者の工場経営参加が目指されたが、短期的な試みに終わった。

ix）　中国では農業、農村、農民に関連する問題を包括的に「三農問題」と表現する。1980年代には農業への財政投入が減少し、さらに1990年代には公課による農民負担の加重化が農業の停滞、農村と農民の貧困を深刻化させた。2000年代に入って三農問題が深刻な政策課題として認識されるに至った。

x）　'sustainable' は「持続可能」と和訳されることが多いが、それは経済の独往を抑える用語として登場したにもかかわらず、最近では「持続可能な経済成長」といった誤用（ときには意図的な）が広がっている。そこで、本書では元来の意味に近い「永続可能」を用いる。詳細は中村（1992）、池上（2022）、長谷川（2021）を参照のこと。

かし、絶えず現れるもうひとつの議論として、貧困に関するものがあげられる（例えば国際農業開発基金（IFAD）2010を参照）。嘆かわしいことに、世界の貧困層の数は着実に増え続けており、2010年には14億人に達したと推定されている。概して、世界の貧困層の70パーセントは農村部に住み、多かれ少なかれ農業活動に依存している。食料不足は頻繁に、また何度も生じる現象であり、世界人口がピークに達するとされる2050年までに、世界の食料生産を倍増する必要があると予測されている。しかし、短期的な食料不足も長期的な農業成長の必要性も、農村貧困層にとって良い機会になるわけではない。むしろ、それらは企業による新たな投資の引き金となり（その最も顕著な現象が土地収奪[xi]である）、多くの農村部の人びとの生活にダメージを与え、その土台を切り崩していくことになる。

c）最後に、小農をめぐる最初の問いの数々と、その後に追加され拡張された議論が、ラディカル左派にとってのみ妥当なものというわけではないことが、ますます明らかになってきた点である。そのほかの政治的潮流もまた、なおこれには専門的枠組みの中に制度化された科学も含まれるが、同様の問題に直面して対処を迫られた。これらの領域はまったく同じ問題をめぐって分裂するようになり、前述の論争を解決することはできなかった。主要概念と関心分野に関する限り、農業経済学、開発経済学、農村社会学、小農研究などの多様な科学分野も、あるいは世界銀行や国連食糧農業機関（FAO）などの国際機関も、強力な助けとなり得るチャヤノフの貢献を無視し、不十分な知識で理論武装しているため、これらの問題の解決にさほど寄与できていない（Shanin 1986, 2009）。また、一部の人びとがたどり着いた特定の結論、すなわち「小農階級は死んだ」と宣言することも、大した助けにはならなかった。

　本書は、この歴史的な論争を広範囲に再構築することを目的としておらず、また、事後的にそれらを解決するふりをするものでもない。本書の目的は、チャヤノフ的アプローチの中核を統合し、それを多くの新しい農村運動にとって中心となっている今日的な諸問題に結びつけることにある。
　チャヤノフ流のアプローチの根幹には、小農の生産単位は、自らが置かれて

---

xi）　大規模土地投資はしばしば 'land grab' と表現される。このニュアンスを表現する際には「土地収奪」ないし「土地強奪」という表現がふさわしい。

いる資本主義的な状況によって条件づけられ、影響を受けるものの、それに直接支配されているわけではないという観察がある。その代わり、小農はひとそろいのバランスに制御される。これらのバランスは、小農単位とその営農および発展を、より広範な資本主義的文脈と結びつけるが、複雑かつ決定的な特徴を持っている。つまり、これらのバランスこそ秩序を司る原則（秩序づけ原則；ordering principles）なのだ。田畑の耕し方、牛の飼育方法、灌漑施設の建設方法、それからアイデンティティとさまざまな相互関係がどのように展開し、具体化されるかを形作り、それを作り変える。絶えず見直されるこうしたバランスの範囲と複雑さゆえに、小農的農業においては驚くべき異分子内包性が生み出され、また終わりなき多義性が作り出されてきた。一方で小農は虐げられ、誤解され、他方では不可欠な存在であるとともに誇り高い。小農層は、時に異なる時機にあるいは同時に、苦しみもし、抵抗もする。このような混乱と明らかな矛盾は、農業全体にも当てはまり、小農層は、時に脱小農化（depeasantization）またあるときには再小農化（repeasantization）の過程と時期を経験する。これらはすべて、異なるバランスの間の複雑な相互関係と、それぞれのバランスが別々の主体（小農、その家族、共同体、利益集団、取引相手、銀行、国家機関、農業関連産業など）によってどのように形成また再形成されるかに遡ることができる。

　チャヤノフは二つのバランスに焦点を当てた。ひとつは労働と消費、もうひとつは労働苦痛（単調で辛い仕事）と効用の間のバランスである。これら二つのバランスは、それぞれの小農経営の内部において釣り合うことが目指される。つまり、空間としての農場とそこで暮らし働く小農家族のニーズや将来展望に

---

xii)　チャヤノフが多用する「バランス」は、彼の小農論の中核をなしている。バランスとは、二つの対立的な目標の釣り合いを取る動態的な判断と調整の過程のことである。したがって、静態的な状況を指す均衡とは異なっている。また日本語の「バランス感覚」のように気を使うという意味は込められていない。

xiii)　本書では、基本的に 'peasant farm' を小農経営と訳している。ここでの意図は、小農の最大の特質が生産と生活の一体性にあり、そのことは「小農経営」で表現可能だということである。小農は、家族の存続と満足度（効用）の向上を目指して「家族」資本（労働や資金、土地など）の配分を決めており、こうしたチャヤノフ流のバランス調整はまさに「経営」にほかならないし、「農場」という空間概念では捉えきれない。したがって、企業経営のように経済的な側面だけを表現しているものではない。ただし、地理的・空間的意味が強い場合もあり、その場合には「小農の農場」もしくは「農場」を利用している。訳者解説も参照のこと。

とっての固有なバランスの均衡である。これらのバランスは、必然的に互いに関係し合う一方、同じ基準では測れない実体（例えば、労働と消費）を結びつける。その結果、バランスは「*相互*関係」を形成することになる（Chayanov 1966: 102 斜体はチャヤノフによる追加）。筆者は、このアプローチに基づき、はるかに幅広い種類のバランスについて議論する。そのいくつかは今日の小農経営に内在するものもあれば、より広い環境で生じる動態と小農的農業とを結びつけるより一般的なものもある。そうすることで、チャヤノフのアプローチを拡げようと思う。つまり、チャヤノフの仕事が内包する数々の時間的・空間的制約（彼自身これをよく承知していた）[4]を超え、今日の小農的農業において主な秩序づけ原則として機能するバランスを特定しようというのである。また、人類が直面するいくつかの大きな課題への応答について、小農的農業がどのように貢献できるかを示そうと試みる。ただし、そのような取り組みは、異なるバランスを適切に調整できるかどうかに大きく依存しており、かつ少なくとも十分な「空間」（Halamska 2004）が、今ここに存在する多様な小農に与えられる、あるいは勝ち取ることができるならばの話である。

　20世紀の間に世界中で発展した小農研究の豊かな伝統が、多くのバランスを明らかにしてきた。本書では、チャヤノフが著書『社会農学』（*Social Agronomy*）（1924: 6)[xiv]で使用したそのままの表現である「農の技」（art of farming)[5]が、相互に働きかけ合う複数のバランスの巧みな調整と絡み合いに帰着することを示す（例えば、Chayanov 1966: 80, 81, 198, 203 を参照のこと）。ダーク・ロープ（Dirk Roep 2000）が今世紀の変わり目に、オランダで営農していた小農の農場に関して論じたように[6]、これらバランスの調整を通して小農経営は「全体としてうまく機能する」ようになる。とはいえ、筆者は同時に、観察された均衡が静的なものとは程遠いことについて実証するつもりである。こうした均衡は動的なものであり、小農層が抱く解放願望を、現行の農業と農村の発展に反映させるものである。そのような発展がほかの諸関係や状況によって妨げられない限りにおいてではあるが。そして最後に、このような異なる複数のバランス間の調整と絡み合いが、小農経営を政治経済状況から切り離すものではないことを明らかにする。むしろそれは、小農経営を政治経済状況に結びつけ、同時にこれらの環境から遠ざけもする。それぞれのバランスは、初期の段階では同じ基準では

---

xiv　邦訳は『小農指導の原理』磯辺秀俊・杉野忠夫共訳、刀江書院、1930 年。原書名は *Die Sozialagronomie, ihre Grundgedanken und Arbeitsmethoden*

測れない実体の統合体であるが、それにもかかわらず結びつけられたり調整されたりする必要がある。それゆえ、可能な限り最良の均衡点を見つける必要がある。この作業は、あちらを立てればこちらが立たずとなるいくつものトレードオフ関係を含む場合があり、またしばしば摩擦を生む。あるバランスを保ち、（必要に応じて）それを見直そうとすることは、しばしば社会的な闘争につながり、闘争を助長しかねない。これは、社会的な闘争のさまざまな形態を考慮に入れたときにとくに当てはまる。

　さまざまなバランスは、総体として複雑な思考体系を構成する。それは、

> 二つの基本原則、すなわち二元論と相対主義に依存する。二元論とは、分割できると同時に相互補完的でもある組み合わせをひとつの対として対立的に把握する方法である。例えば、アンデス山脈の領域はすべて高地か低地かで分けられ、土壌は主に寒冷か温暖かに分けられる。しかし、相対主義の原則を適用すると、こうした対立は絶対的な区切りを失う。つまり、小農の判断基準と認識が前者にある場合、「高い土地」は低くなる。これは、外部の観察者にとっては明らかに論理的に矛盾しているように見えるが、小農にとっては相反する価値観を融合させ、スムーズに理解するためのやり方なのである。小農の評価基準は両者の中間点となる (Salas and Tilmann 1990: 9–10)。

　農の技は、さまざまのバランスを見極める判断力に大きく左右される。「農の技は、その農場に備わる多くの特殊性の最適利用に根ざしていると断言できる」(Chayanov 1924: 6)。これらの特殊性はバランスの一部と理解され、管理される。同時に、これらの特殊性はある均衡に達する。その均衡は、例えば利用可能な土地、家畜の頭数、いくつかの労働過程ごとに手伝える人の数、貯蓄と投資といったその小農経営の特殊性をひとつの全体へと結びつけて、うまく機能させる。バランスは調整装置なのである（サーモスタット[xv]に少し似ている）。それは関連情報（例えば、室温）を絶えず記録し、これを適切な反応や反作用に変換する（例えば、暖房温度の上昇・下降、暖房の一時または完全停止）。重要なことは、チャヤノフがこれらのバランスについての議論では何よりもまず、

---

xv)　自動的に温度を一定にする装置。

小農家族の特徴（より一般的には関心、展望および経験）を考慮に入れていることである。労働−消費バランスについて語るとき、私たちは抽象的な消費についてではなく、特定家族の、また特定の（または具体的な）消費ニーズについて話す。同じことが労働にも当てはまる。ここでいう労働とは、特定の状況下にある、特定の小農家族が提供でき、提供を厭わない労働の質と量を意味する。そして最後に、家族は、消費−労働比率（consumer/worker ratio）（これについては後で詳しく説明する）といった特定の側面によって特徴づけられる特定の集団のことである。ただし、さまざまなバランスを調整し、また再調整するのは小農自身にほかならない。

　したがって、私たちはサーモスタットの比喩をさらに拡大することで、チャヤノフ流のバランスの特殊性をうまく説明することができる。第一に、サーモスタットが客観的なデータ（例えば、室温）――交渉で変わるものでもなく、またいかなる主観的評価も排したもの――を与えられるのに対して、チャヤノフ流のバランスは、ある特定の特徴がそれに関係する行為主体（以下、主体とする）自身によってどのように受け止められるか（すなわち部屋にいる人によって温度がどのように体感されるか）を批判的に考慮する。これは客観的なデータだけで作業するよりもはるかに複雑である。第二に、サーモスタットは完全に自動化された装置で、関係者の常駐や介入なしに作動するが、チャヤノフ流のバランスは関係者（または関係者集団）、すなわち職人のように農の技を理解する人間によって操作される点も重要である。第三に、サーモスタットは内蔵されたアルゴリズムを、直線的かつ明確に、交渉の余地のない方法で適用する。サーモスタットは多様性を生み出すことはできない。水曜日の夜であっても月曜日の朝であっても、18℃ は 18℃ のままである。しかしチャヤノフ流のバランスを観察するのであれば、関係する主体は、通常自分たちのコミュニティまたは専門家集団の文化的レパートリーの一部であるルールに基づく。そのようなルールは、常に積極的な解釈と特定の状況に対する適切な応用を伴う。それらは機械的な一対一の関係ではない。つまり小農的農業には単純な数学はないのだ。小農的農業に多様性が現れる理由のひとつがここにある。これはまた、農民同士がしばしば口論する理由でもある。

　以上をまとめると、チャヤノフ流のバランスは、ある特定の小農家族と小農経営が抱える特有の状況を重要視する。そのため、これらのバランスは、自動化された装置というよりはむしろ主体に依存する装置である。バランスの操

作（つまり、解決に向けて特定の状況へ適応させること）には、主体がルールや状況を解釈し、適切な決定を下せることが含まれる。チャヤノフの原典では考慮されていないものの、このことはジェンダーにかかわる重要な問題を想起させる。とはいえ1980年代以降、この点に関して多くの道を切り開く研究が行われてきた（例えば、Rooij 1994; Agarwal 1997 を参照のこと）。農業の将来にとってますます決定的になると思われるもう一組の家族内社会的諸関係は、世代間の刷新、とくに農業における若者にとっての展望に関係している。この点においてもまだまだ多くの研究が必要である（White 2011; Savarese 2012）。

　本書で扱うバランスのほとんどは、小農単位とより広範な環境との関係（直接的であれ間接的であれ）についての議論である。後者はしばしば逆風になるように（有害な形で）小農単位に影響を与える。これにより、関連するバランスの調整が微妙な問題になる。というのは、でき得る限り最良の均衡を求めているのは小農家族だけではないからだ。外部機関（農関連企業、銀行、商社、小売チェーン、技術者、改良普及員など）も積極的に介入し、それぞれの論理により適う手法で、さまざまなバランスを再評価する。たとえそれが一次的生産者に有害であったとしてもである。したがって、ここで説明するバランスの多くは反目の結果であるか、もしくはその表れである。それはさまざまな利害関係者の代表が集まり、闘い、提携し、あるいは交渉する場である。多くの関連し合うトレードオフ（またはチャヤノフ流の用語でいえばバランス）のひとつひとつ、かつそれぞれについて、正確な均衡状態を評価することは、より広範な闘いの一部をなす。さまざまなバランスについて議論することは、小農の闘いが首都の中央広場を占拠したりマクドナルドに火をつけたりといった、街中での闘いに限られているわけではないことをも明らかにする。小農は、田畑の改良や共同灌漑システムの構築に取り組むときにも同様に闘っているのだ。

　チャヤノフ流のバランスは農業を構成し、かつ統制してもいる。それらは、状況に結びつけられた特定の時間と場所において、田畑のレイアウトと肥沃度、牛の頭数と種類、作物や家畜によってもたらされる収量などの農業を構成する枠を決め、またそれを作り直す。つまり「小農経営の組織計画」（1966: 118）とその時間的展開は、さまざまなバランスによって、そしてそれを通して規定されている。美しい畑、「よく熟成した」堆肥、穀物の豊作、良い子牛を提供する若い雌牛がすべて農の技を表すものだとすれば、さまざまなバランスを習得し、微調整し、創造的に組み合わせることがこの技の核心となる[7]。それらは、

いわば傑作を作り出すために、「芸術家」である小農によって使用される道具なのだ。

　しかしこれは農業の現場だけに限らない。小農家族はさまざまなバランスを用いて、自分たちの利益、展望、願望を、将来どのように経営を発展すべきか、市場や村の集会などでどのように振る舞うべきかを明示した台本に変換する。

　小農はしばしば、小農経営の組織計画や運営、開発の方向を、市場の即物性から遠ざけるのに役立つようにバランスを選択し、それによって、生産単位、小農家族や彼らが属するコミュニティを（部分的にではあるが）これらの市場内に存在する多くの脅威から保護する。したがって、特定の均衡につながるバランスは、一種のポランニー型の「反市場装置」として理解されることもある。すなわち、それらは小農や小農的農業がいつでもどこでも、必要な時に市場から離れるのを助ける。したがって、経済、環境、社会の間で発生する主なバランスの崩れを是正するために介入するのは国家だけではない。農業の発展に「介入」し、それを経済によってのみ決定される道筋から引き離すのは、市民社会の特定部分（すなわち、小農層）なのである。それはさまざまなバランスを習得し微調整することを通して行われる。小農層がさまざまなバランスを積極的に管理することで、農業は、市場や資本労働関係によってのみ管理される場合と比べて、より生産的なものとなり、より多くの雇用を提供し、より多くの人びとにより自主性と自己管理の余地を提供する。

小農理論の政治的意義

　小農と小農的農業についての歴史的な議論を見当はずれな、あるいは時代遅れの論争として脇に放置することはできない。それらは特定の社会的・物質的な現実の構築と発展に導くさまざまな経路を反映し、また関連してもいる。基本的なジレンマは現在の世界にもいまだ存在している――それも、多分これまで以上に存在しているといえよう（例えば、マゾワイエとルダール［Mazoyer and Roudart 2006］を参照のこと。彼らは、今日の資本主義が持つ一般的な経済危機は、農村人口の大部分が強いられる大規模な貧困問題への適切な対応なしには解決できないと主張する）。チャヤノフの研究の核心についても同じことが言える。30年前、ポール・デュランベルガー（Paul Durrenberger）は、「50年以上も経つのに、なぜ彼の研究に関心を払う必要があるのか」と問うた（1984: 1）。この問いに対す

る彼の答えはいまだ有効であるように思われる。「最も簡単な答えは、チャヤ
ノフが小農経営の経済面と世帯に基づく生産単位の分析を展開したという点に
ある。彼の分析は、場所や時間を問わずそのような形態が見出されたときには
常に関連しているからである」(ibid.)。

　当時のラディカル左派を分裂させた議論から百年以上も経つ今、農の技を再
考することは、少なくとも五つの理由から重要である。

　まず、認識論的な理由がある。モットラ (Mottura 1988: 7) が優れたチャヤノ
フ紹介の中で明らかにしているように、現在も過去においても、基本的に小農
についての立場は二つある。ひとつは過去のポピュリストや今日の「小農の側
を選ぶ」立場のような盲信であり、もうひとつはあからさまな嫌悪である。こ
の二つの間には批判的な立場は無論のこと、批判的な理論も言うまでもなく
存在しない。筆者が『新しい小農』("The New Peasantries" 2008) で論じたように、
小農的農業は理論なき実践である。覇権的思考は、小農層や小農的生産様式に
対して傲慢であるだけでなく、無知でさえある。近代世界では、盲信または嫌
悪のどちらかを介して小農の現実を捉えようとしてきた。そのため、小農の現
実は不安な現象としてか、まったく扱いづらいものとして考えられた。チャヤ
ノフはこのような構図における例外である。彼のアプローチは、私たちが小農
についての理解を深め、さらに有効な批判的理論を構築する可能性を秘めてい
る。チャヤノフとロシアの小農層との関係は、いくつかのキーワードで特徴づ
けることができる。最初に取り上げなければいけないのは好奇心である。

　　実証的な好奇心：ロシアの小農を駆り立てるもの
　　　彼らの農法にはどのような可能性があるのか。彼らはお互いにどのよう
　　な関係性を結ぶのか。彼らは社会に何を貢献できるのか。[8] チャヤノフが
　　小農層の中に答えを見つけようとしていることが、そのことを物語って
　　いる。小農と小農的農業は外部によって規定されるものではなく、「一般
　　的法則」に支配されない。それゆえ、小農の動態に対する実証的な探求は、
　　適切な理論の構築のために決定的に必要となる。これには他にも重要な要
　　素を含む。すなわち、学問的な厳格さ、関与、そして希望である。

　十分に根拠を持った実証的研究が好奇心と結びつくことで、以後何十年にも
わたって、チャヤノフ派の立場はほぼ絶え間なく刷新されてきた。小農層と密

接にかかわっている多くの研究者や知識人は、後になって初めてチャヤノフの原著作に価値と強みを発見した。この点で、現在のチャヤノフ的アプローチと呼ばれる捉え方の発展に貢献している。

　第二に、今日の世界は非常に多様であるが、大規模な再小農化の過程を目の当たりにしている。その顕著な表れは、中国やベトナム、その他の東南アジア諸国における小規模家族農家への「回帰」に見ることができる。地すべり的に2億5,000万以上の小農経営が再出現した中国は、小農研究の「学問的な金鉱」となった（Deng 2009: 13）。もうひとつの注目すべきプロセスが起こったのはブラジルで、1970年代の軍事独裁政権下で始まった農村からの脱出は、主に悲惨で危険なファベーラ（スラム街）からだけでなく、何十万という貧しい人びとが地方へと大規模に移動したことによって逆転した。彼らは広大な土地を占拠、占有したが、その土地は、長く厳しい闘いの末にようやく、たくさんの新しい小農経営体が使える農地へと転換されたのである。最近の二つの国勢調査（1995年 – 1996年、2006年）によると、小規模農地保有者（smallholdings）の数は約40万人増加したという（総農場数の10%の増加にあたる［MDA 2009[xvi]］）。これらの新たな小農による農場は、合計すると3200万ヘクタールの農地をカバーする。これは「スイス、ポルトガル、ベルギー、デンマーク、オランダの合計農地面積と等しい」（Cassel 2007）。その他の再小農化の表れは、ヨーロッパで見ることができる。これらについては第6章で詳しく説明する。

　第三に、新しく、誇り高く、力強い、国際的に運営される運動の出現がある。それは「国境を越えた農民運動」または頭文字をとって TAMs と呼ばれる（Borras et al. 2008）ようになっている[xvii]。それには、「農民の道」を意味するビア・カンペシーナのような運動が含まれる。この運動の成長は、既存の NGO や、国連の枠組みの中で活動する国際機関からの小農問題への関心の高まりと同時に起こった（そしてまぎれもなくそうした関心の高まりを誘発した）。『戻ってきた小農』（'Les paysans sont de retour'）は、ペレス – ビトリア（Perez-Vitoria）が2005年に出版した本の題名である。実際、小農は実践においても政策においても戻ってきたのである。

xvi)　MDA とはブラジルの Ministério do Desenvolvimento e da Agricultura の略で、アグリビジネスではなく、小農を主たる対象とする農業開発省のことである。

xvii)　この点については、マーク・エデルマン／サトゥルニーノ・ボラス・Jr 著、舩田クラーセンさやか監訳『国境を越える農民運動―世界を変える草の根のダイナミクス』明石書店、2018年が詳しい。

　第四に、小農的農業は、この地球の未来を脅かしている多くの新しい欠乏（食物、水、エネルギー、生産的雇用など）に対し、重要な答えを握っているという洞察が力を得ている（これへの応答については第 5 章で扱う）。小農的農業は、気候変動を緩和させる役割を担っている可能性がある——というのは、ビア・カンペシーナが主張するように、小農的農業は温暖化ではなく「冷却化」の効果を持っているからだ。市場の変動の激しさを引き起こしている経済的・金融的危機について考えるときも、同じことが当てはまる。ここで、小農的農業が注目を集めているのは、大きなレジリエンス（回復力）を持つ食料生産のあり方を提供するからである。

　最後に、過去数十年にわたって、ラディカル・セオリーが、産業資本主義の起源と全盛期に密接に関連していた多くのカテゴリーを超越したことを考慮に入れなければならない。かつての古典的プロレタリアートは、多様な「労働諸階級」の中に霧散してしまった（Bernstein 2010a）。古典的な工場はもはや、労働と資本の対立の中心に存在していない。労働・資本間の対立は今やあちこちに散らばって出現し、新しくてしばしば興味深い形を取る（Hardt and Negri 2004）。これらの変化を真剣に捉えようと試みる政治理論（例えば、Harvey 2010, Holloway 2002, 2010）は、古い問題に光を当てる新たなアプローチを開発し、ときには意外な視野を提供している。

　これらの新たに出現したアプローチは、間接的にではあるが、チャヤノフの初期の研究の意義を浮き彫りにするだけでなく、さらなる精緻化を可能にする。新しい農村運動が世界を変えようとしている現在、チャヤノフおよびその後のチャヤノフ研究と、これらの新しい政治的アプローチを組み合わせると、世界中で起こっている多くの農村の闘いをよりよく理解することができる。

　本書の導入として、ここで簡単に三つの概念を紹介する（最終章で再度これらに戻る）。最初の概念はマルチチュード[xviii]である。今日の小農はマルチチュードであ

---

xviii）　アントニオ・ネグリとマイケル・ハートが『〈帝国〉—グローバル化の世界秩序とマルチチュードの可能性』（水嶋一憲ほか訳、以文社、2003 年）、『マルチチュード（上・下）』（幾島幸子訳、水嶋一憲・市田良彦監修、日本放送出版協会、2005 年）などの共著において展開した概念。国境を越えたネットワーク上の権力〈帝国〉に対抗して、グローバル民主主義を推進する主体として位置づけられる。マルチチュードは、「人民」、「大衆」、「労働者階級」といった従来の主体概念とは異なり、文化、人種、ジェンダー、生活様式、世界観などのさまざまな差異から構成される多種多様性をその特徴とする。同時にマルチチュードは包括的で外に開かれた概念でもあり、多数多様性を保ちながら共通性を軸に結びつくことで、〈帝国〉同様、国境を越えたネットワークを形成する。

る。彼らは統治されない技を習得している（Scott 2009、Mendras 1987 を参照のこと）。彼らは非常に多様である。彼らの労働過程を秩序づける源泉は、市場の論理をはるかに超えている。自然、社会、そして文化的なレパートリーは、すべて同じように重要な秩序づけ原則なのである（この本全体を通じてこのことを説明する）。小農は、生産過程を別々の仕事へ分解することに抗う。それは、多くの仕事を外部化する傾向を是正することとまさに同じである。彼らは、二つ目の重要な概念であるコモンズを作り出す。[9] ブラジルの土地占拠、ラテンアメリカとアフリカ全域で行われているタネの分かち合い貯蔵、中国での灌漑作業、ヨーロッパでの都市と地方の新しい関係、世界中で新しく設置された入れ子型市場（the nested market）[xix] など、コモンズは生産性が高く、企業資本に代わり得る説得力のある選択肢を提供することが分かってきている。三つ目として亀裂、すなわち対立が生じる場所という概念がある。亀裂はグローバル・システムの割れ目、言い換えれば膨大な排除過程の結果として現れる構造上の穴である。それは、国家装置がその制度上の機構を通じて調整することができない亀裂である。これらの亀裂の中には、ひとりでに出現するものもあれば、私たちがそこで蠢いている混沌と矛盾に満ちた現実がせっせと生み出しているものもある。

　小農家族は、いくつかの亀裂が交わるところで活動している。ひとつ目は、もちろん、彼らの労働が賃金労働ではないという事実に表れている。たとえ、資本が小農の労働を管理するための複雑でしばしば深く浸透するメカニズムを構築し実行しようとしても、小農の労働は直接、資本に従属しているわけではないのでうまくいかない。今日の小農経営の根底にある多くのバランスを積極的かつ豊富な知識で調整することを通して、多くの小農は経営の運営と発展を「資本の論理」から遠ざけている。つまり、彼らは亀裂を作るのである。そして、他の亀裂の中で創造し活動する他の人びととの相互の結びつきをますます強め、新しい社会運動をしばしば誕生させる。より一般的には、亀裂は恒久的な闘争の場であり、抵抗の発祥地であり、ときには資本主義的取り決めに対する確固たる代替案が鍛えられる場として出現する。それらはマルチチュードが存在する場所であり、特異性が生み出され再生産される場所である。最終章

---

xix）「入れ子型市場」とは、有機農産物や地場産品の産消提携、CSA や直売所、ニッチ市場や近隣市場など小さな市場をネットワーク状につなぐ多重的な市場のこと。小農の発展を支える販売形態として注目されている。国際取引を伴うフェアトレードも入れ子型市場に含まれる。旧来の大量生産・大量流通・大量消費型市場流通とは異なる原理と形態を持つ。

でこれらの問題に再び戻ろう。

小農的農業と資本主義

小農経営は「資本主義的諸関係が支配している経済の中で、商品生産にまき込まれ、商品資本主義によって定められた価格で売買する小商品生産者として存在しており、小農経営の資本循環は銀行からの借り入れに基づいている可能性がある」ことを、チャヤノフ (1966: 222) はとても明確に描き出した。「これらの諸関係を通して、小農の小さな事業はすべて世界経済の一部分として有機的に結びつけられ、世界で見られる一般的な経済生活の影響を受け、また資本主義的世界の経済的要求によってそのあり方（組織）を強力に方向づけられているが、その反対に何百万もの小農とともに、世界経済のシステム全体に影響を与えている」(ibid.: 258)。

簡潔に言うと、小農経営は資本主義システムの一部である。しかし、小農経営が (a) その中で従属させられている部分であること（例えば、ibid. 257）、(b) それ自体は資本主義的な生産単位ではないこと、(c) 資本主義的農業企業体の管理方法とは明らかに異なる方法で運営される場合が多いことも事実である。

小農経営は資本主義的企業体として構成されていない。それは資本労働関係に基づいておらず、小農経営内の労働は賃金労働ではない。そして、資本はマルクスのいう意味での資本ではない（すなわち、剰余価値――さらに多くの剰余価値を生み出すために投資されるもの――を生む必要がある資本ではない）。小農経営における「資本」は利用可能な道具、建物、動物、そして蓄えである。この「資本」は、カウツキー (Kautsky 1974: 65) が理解しているように、確かに「余剰価値を生み出す価値」ではない。建物、設備などは、労働過程を活発にし、改善するための道具（または手段）である（Box5.1 も参照のこと）。資本－労働関係の欠如こそが、特定の農業生産単位を小農経営として捉え得る理由なのだ。これがチャヤノフ流のアプローチを定義する決定的な要因である。

小農経営には特定の内部構造があり、そのため資本主義的農業企業体と決定的に異なる方法で運営される場合が多い。非常に重要なのはまさにこの違いである。チャヤノフ (1966: 89) の言葉では「資本主義的経営が生産を止めるところでも、小農経営は生産を続けている」。ソーナー (Thorner 1966: xviii) によると、「資本主義的経営が倒産するような条件下で、小農家族はより長時間働き、

低価格で販売し、純利益を得ることなく、それでも年々彼らの農業を続けることができた。これらの理由からチャヤノフは、小農家族の大規模資本主義的経営に対する競争力は、マルクス、カウツキー、レーニン、そして彼らの後継者の著作で予想されていたものよりはるかに大きいと結論を下した」。マリアテギ（1928: 103）は、「大規模な土地所有者は、土地の物理的生産性ではなく収益性のみに関心があることを我々は至るところで見ている」と、この点を強調している。

　小農的農業は資本主義の一部をなすが、その内部に亀裂と摩擦を生じさせることで資本主義を不安定にする。小農的農業は、資本主義に代わり得る選択肢を生み出す抵抗の発祥地である。この抵抗は、支配的なパターンに対する恒久的な批判として機能するのだ。それは資本主義的経営が行けないところにも進出する。小農的農業は「嫌気性」である（Paz 2006）。企業型農業がひどく必要としている利潤という酸素がなくても、生き延びることができる。資本主義の一部であることはまた不安定な経営を生む。いくつかの主な矛盾がバランス群を通して小農経営に入り込む。その結果、小農層全体と同様、小農家族の中にも争いが生じる。

　これらすべては、Little（1989）によって説得力をもって議論されたように、政治経済分析（文脈とそれが小農経営にどう反映されるかの研究）と、チャヤノフ流のアプローチ（特定の反映と応答の展開の理解）を組み合わせることが可能であるだけでなく、しばしば必要であることが示唆される。この目的は、両者の間のあらゆる細かい違いや想定される非互換性を検出することではなく、むしろそれらを一つの強力な理論的ツールに鍛えることである。

　本書は、過去と辺境にのみ限られた現象として小農を見る（支配的な）見方を拒絶する。また、西側における農業の近代化が小農的農業様式を排除したという見解も受け入れない。企業モデル（主要なバランスのうちの多くを完全に入れ替えるモデル）に基づいた新しい農業様式が生まれたまさにそのときに、小農社会が姿を消したことは事実である。しかし、小農的農業様式は継続し、新しい状況に順応し、そして1990年代初頭から再活性化し、強化され、拡大してきた。要するに、ルネッサンスを経験しているのである。世界中の多くの農民（筆者は農民という用語を、さまざまなタイプを包含する一般概念として使用している）は、小農として生産を継続または再開した。彼らは、21世紀初頭に直面していた緊急事態、困難、可能性に対して、多くの異なる方法でそれに応じたのだ。

　例えば、ラテンアメリカと北西ヨーロッパの小農層はまったく異なる集団である。それらを「小農」という一つの分析カテゴリーにまとめようとすれば、「彼らに何の共通点があるのか」という問いを招くことは免れない。実際、バーンスタイン（Bernstein 2010a: 112）は、「資本との間に共通の社会関係はあるのか」と問いかけることで、この問題を考察している。小農は企業資本に対して、ある共通の存在条件を分かち合い、それゆえに共通利益を追求する集団的行動に向けた共通基盤を持っているという議論は、小農層を正当に単一の統合体としてまとめるための確固たる基盤を提供すると、筆者は考える（Bernstein 2010b: 308 も参照のこと）。

チャヤノフが「天才」である理由

　ここでは、チャヤノフの生い立ちについては述べない。それはすでに他の人たちが適切に述べており（Kerblay 1966; Sperotto1988; Sevilla Guzman 1990; Danilov 1991; Abramovay 1998; Shanin 2009; Wanderley 2009）、筆者には到底及びもつかないほど良い仕事をしているからだ。しかし筆者は、チャヤノフの非凡な才能が天から降ってきたものではないことを強調したい。彼は皆と同じように（とくに、おそらく我々の中にいる天才と同じように）、環境の産物であった。第一に、彼には具体的な歴史的背景があった。これには、果てしなく広大ではるかに多様性に富むロシアの農村部、19世紀半ばの経済不況、多くのミール（小農共同体）の存在、そしてロシアの未来は小農という基盤の上に築かれ、小農とともに構築されるものと想定したラディカルな政治運動（主にナロードニキ［narodniki］として知られている）が含まれる（セビーリャ・グスマンとゴンザレス・デ・モリナ［Sevilla Guzman and Gonzalez de Molina 2005］は、これらの運動とその取り組みについて簡明な概説を提供している）。

　チャヤノフはこれらの背景に精通していただけではない。彼はまた、日常的な出会いを通して小農の暮らしを知っていた。これは、ドイツ語版しかない[xx]のでほとんど知られていない著作『社会農学』に断片的に示されている。しかし彼にはまた、その当時には比較的ユニークだった、小農的農業とその動態を知るもうひとつの手段があった。それは次に述べる統計の利用である。

xx)　訳注 xiv のように、日本では 1930 年に翻訳、刊行されている。この一事をもっても、日本におけるチャヤノフへの関心の高さがうかがえる。

　すなわち、第二にチャヤノフはゼムストヴォ（*zemstov*）統計というユニークな
データベースを利用することができたのである。『小農経済の原理』（*The Theory of
Peasant Agriculture*）のドイツ語版初版に序文を寄せたアウハーゲン（Auhagen）は、
「私はロシアほど豊富な農業データベースを持つ国を知らない」と述べてい
る（Auhagen 1923: 1）。そしてチャヤノフは、カール・マルクス自身がゼムスト
ヴォ統計への賞賛と関心を表明したことを誇らしげに記している（1923: 7）。こ
の豊富なデータのお陰で、さまざまなバランスの運用を反映した実証性のある
パターンの探究と分析が可能になった。十分に鍛えられた統計分析手法ととも
に、この豊富な資料を入手できたことが、彼独自の分析視角を生み出した。

　第三に、チャヤノフは1917年のボリシェヴィキ革命に端を発する過渡期に
生き、研究に従事したという利点を持っていた。しかしこの利点が、結局のと
ころは致命的な結幕をもたらすことになった。彼は逮捕され、公開裁判に処さ
れ、強制収容所群島で絶命する。しかし、このような悲劇的な出来事が広く行
きわたるソビエト社会の特徴となる以前の革命後のロシアでは、広範囲にわた
る農村の変化の展望が徹底的に議論され、まるで大釜の中でアイデアが発酵す
るように活気に満ちていた。多くのレベルで議論に関与していたチャヤノフは、
これらの運動の楽観主義を体現した人びとのうちの一人だった。

　この三つの要素が混じり合って、独特な状況の組み合わせが生まれた。それ
がチャヤノフによって、少なくとも三つの主要な、そして当時ではまったく新
しい理論に転換された。

　1）個々の小農経営および小農的農業の動態を全体として解明する初の試み
　　を持った小農的農業の理論。このミクロレベルの理論は、より一般的な（マ
　　クロレベルでの）議論と組み合わされた。そこでは「孤立国」（または「島」）
　　が比喩として用いられ、とくに国際貿易に関しては、域内（または国内）市
　　場を慎重に規制することの重要性が強く示唆された。チャヤノフはまた、い
　　つかどこかの裕福な社会において小農的農業が開花する可能性についてユー
　　トピア的な見解を示した。彼はこのことを「イワン・クレムネフ」というペ
　　ンネームを使って、「わが兄弟アレクセイ」の旅を描く1920年の小説の中
　　で書いた（Auhagen 1923: 1）。

---

xxi）　和田春樹・和田あき子訳『農民ユートピア国旅行記』平凡社ライブラリー、2013年と
　　　して刊行されている。

2）チャヤノフが「社会農学」と呼んでその輪郭を描いた理論。これは農業
普及および普及研究の出発点だと主張する研究者もいる。それはまた、（「自
然の法則」によってのみ支配されるものとして農業を見るのではなく）人びとと生
ける自然との間の相互作用、および相互変容に中心性を認める、ひとつの農
学（an agronomy）の概要でもあった。

3）垂直的協力の理論（後に起こった「集団化」によって強制される「水平的協力」
とは対照的である）。それは移行理論の初期の一例を提供した（Kerblay 1985）。

　これらの理論の中で最後に指摘した垂直的協力については、より丁寧に説明
する必要がある。これは、小農経営の上流と下流の双方において、強力な協同
組合を築くことを意味する。この協力は、上流側では小農経営に投入物（肥料、
機械、融資機関など）を生産して配給する協同組合として現れるだろう。下流側
では小農経営が生産するさまざまな農産物を加工し商品化するように機能する
だろう。そのような「協同組合は、大企業が与え得るすべての利点を小企業体
に提供することができる」（Chayanov 1988: 155）。1917 年革命に至るまでの数年
間、協同組合運動はロシアの農村地帯でかなりの勢いを得ていた。広範な協
同組合のネットワークを構築することは、はるかに広い意味を持つ政治的プロ
ジェクトの礎石を意味した。それはロシア社会の移行、すなわち抜本的な農地
改革への期待だった。この移行プロジェクトは次の三つの明確な目的によって
導かれていた。1）農業生産を可能な限り増やすことで、国民経済全体の成長
に貢献する。[10] 2）農業労働の生産性を最大化するよう努める。3）国民所得を
より公平に分配する。チャヤノフの見解では、この移行は小農層を土台とし、[11]
彼ら自身によって推進されることが決定的に重要だった。「我々の前には自ら
の習慣や自らの農業についての考えを持つ何百万という小農がいる。彼らに命
令することは誰にもできない。彼らは自らの意欲と概念に従うものであれば何
でも行う」（ibid.）。この点およびほかの点で、チャヤノフは、カール・マルク
スが 1881 年 3 月 8 日付けの書簡で提起した小農を基盤とする政治プロジェク
トに近づいた（Marx and Engels 1975: 346）。この書簡の中でマルクスは、歴史的
発展に関する普遍的な理論がないことを指摘した。彼の主張では、ロシアの小
農共同体は共産主義に直接進む能力を持っていたのである。[12]

　この見解はマルクスの初期の考えから著しく離れたものだった。『ブリュ
メール 18 日』（The Eighteenth Brumaire）の中で、マルクス（1963: 124）は次のよう

に主張した。

「分割地農民の間にローカルなつながりしかなく、利害関心が同じでも、彼らが連帯せず、国民として結合せず、政治組織を作らないかぎり、分割地農民は階級にはなっていない。だから彼らは、自分たちの階級の利害関心を…自分たちの名前で主張することができない。彼らはみずからを代表することができず、〔誰かに〕代表してもらうしかない」[xxii]。これを踏まえれば、小農たちが意思を伝えあい（現在では多くの場合に当てはまる）、農村の変革を意図した共同の政治プロジェクトを共有すれば、彼らは自らひとつの階級を構成したと論じることも可能である。それは、同時に起こっている移行に刻印を刻み込むだけの能力を大いに持つものだ。そしてこれこそ、（ビア・カンペシーナのような）新しい国境を越える農民運動とそれらが目指す変革のための根本的なアジェンダの中、そしてそれらのおかげで、現在起きていることなのである。

チャヤノフ流研究の系図

これまで多くの科学者が、明白な形で、アレクサンドル・ヴァシルエビッチ・チャヤノフの研究に基づいて研究を積み上げてきた。これ以外にも、より多くの研究者が、彼の研究を知らずに、チャヤノフ流のアプローチを「再発明」した。徹底した実証研究は、チャヤノフの理論的なスタンスと顕著に類似する概念的枠組みを導き出すことがあるからだ。図表1.1で、筆者はチャヤノフの研究に批判的でありながら、強く引き寄せられてきた著名な学者たちを集め、整理を試みた。ここで提供する系譜は完全なものとは程遠いが、チャヤノフの影響が続いていることを説明するのに役立つ。これを示す目的は主に、小農研究を始めたばかりの若い科学者や社会活動家の手助けをするためである。地理的な記載は出生地や居住地ではなく、これらの学者が実証的なフィールドワークを行った主な場所を記している。これらの学者はほぼすべて、本書の中で言及または引用されている。なお、この中の何人か（例えばマルチネス＝アリエ [Martinez-Alier]、セビリア・グズマン [Sevilla Guzman]、フリース [Vries]、ネッティング [Netting] など）は、複数の大陸をまたがって調査している。期間はお

---

xxii)　丘沢静也訳『ルイ・ボナパルトのブリュメール18日』講談社学術文庫、2020年、Kindle版、位置 No.2138/2493 より引用。

よそ1900年から現在までである。

図表1.1　チャヤノフの流れをくむ研究者たち：その時空配置

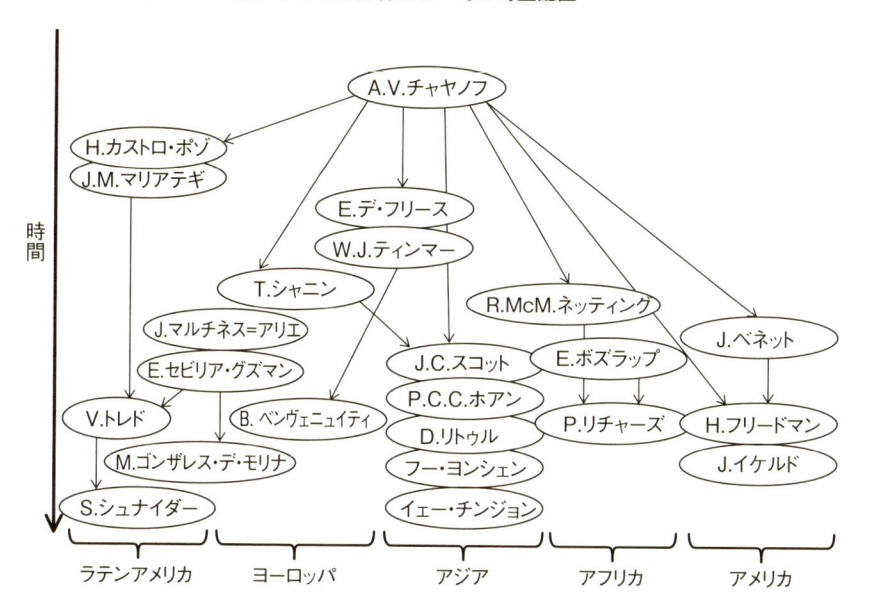

●原註

1) これは、19世紀末から20世紀初頭にかけて起こったロシアの革命運動であり、ロシアの小農社会に強く根ざしていた平等主義社会を目指した。20世紀初頭には、この運動の思想は、ロシアの農村で強い支持を得ていた社会革命党によって明確に打ち出された（Martinez-Alier 1991も参照のこと）。

2)「レーニン理論においては、小農が人口の大多数を占めるようになって以降、小農の支持を得るか、あるいは少なくとも中立性を確保することが喫緊の課題となった。しかしイタリアでは、労働者階級が国家と民主主義についてのビジョンを実現する立場に立つとすれば、それは明らかに、国家史上最も深刻な重荷であり続けた南部問題を引き受ける場合に限られていた」（Lawner 1975: 28）。

3) この論争は、歴史的にはプレオブラゼンスキー－ブハーリン論争（Preobrazensky-Bucharin debate）として知られている。その後、この論争はさまざまな形で復活した。明らかに同じ路線に沿った現在の表現は、ジャクソン（Jackson 2009）に見られる。

4) この点に関して、ソーナーは次のように述べている。「チャヤノフ自身も、彼の理論は人口密度の高い国よりも人口の少ない国の方がうまくいくことを認めている。また、農業構造が揺らいでいる国々では、それが硬直化している国々より

もずっとうまく働いた。小農が容易に土地を買ったり、入手したりすることができないとすれば、彼の理論は大幅に修正されなければならない」(1966: xxi)。このほかにもいくつかの限界があった。必要に応じて、次の章でこれらの点に言及する。

5) スペインの農学者コルメラ (Columella) による『農の技法』(1977 年に再版)は、西洋最古の農学ハンドブックであり、非常によく書かれている。

6) ほとんど 100 年以上も前に、チャヤノフが小農経営を「機械」(1966: 44) として捉えたのと同様のイメージを、ダーク・ロープが使っていることは興味深い。この本を著したときには、ロープはこのことに気づいていなかった。しかし、彼は小農家族の息子だったので、日々の生活経験を通じて農業が持つ「機械」の側面をとてもよく知っていた。

7) 異なるバランスをマスターすることは、小農社会の文化的レパートリーの中核要素を構成する。多くの均衡は、経験則やことわざ、ローカル知の集合物、また「良い農業」のあり方を規定する地域の規範や価値観に凝縮(「制度化」)されている。このことは、取引費用を減らす上で非常に大きな助けになる (Saccomandi 1998; Ventura 2001; Milone 2004)。

8) チャヤノフの著作が英語で初めて刊行された 1996 年に、まったく同じ質問が広く投げ掛けられた。それは農業との関係ではなく、東南アジアの騒乱との関係においてである。そこでは、農民軍(ベトコン)が世界最強の軍隊(最終的にはそれを打ち負かすことになる)との戦いに成功し始めていた。

9) コモンズとは、共同で保有し、みんなが一緒に利用する資源(オストロム［Ostrom 1990］では「コモンプール資源」)であって、価値あるものを生み出すために使われる。

10)「我々の国の全未来は、……我々の農業の急速で精力的な進歩と、とくに"今はたった 1 房の麦穂しかできていないところに二つの穂を育てること"ができるかどうかにかかっている」(Chayanov 1988: 154)。

11)「小農経営は、ロシアにおいて新しい農業を作り出すための基礎になり得ると、誰もが同意する」(Chayanov 1988: 137)。

12) ハートとネグリ (Hardt and Negri 2004) の 123 ページと注 43 も参照のこと。

訳注の引用文献
長谷川公一、2021、『環境社会学入門―持続可能な未来をつくる』ちくま書房
池上甲一、2021、「SD 概念の本質的理解から産業的食農システムの根本的転換を見通す」『環境思想・教育研究』15：53-63
中村尚司、1992、「〈解説〉過剰開発か永続可能な発展か」レッドクリフト．M.『永続的発展』学陽書房、9-17
庄司俊作、1999、『日本農地改革史研究―その必然と方向』御茶の水書房
玉真之介、2023、「農地改革の真実―その歴史的性格と旧地主報償問題（その 6）」『帝京経済学研究』57-1：69-120

第2章
チャヤノフが見出した主要な二つのバランス

　本章では、小農経営とその家族をめぐるミクロレベルの分析を紹介する。これは、マクロレベルの重要性と関連性を否定するものではない。むしろ逆である。しかし、ミクロレベル（すなわち、ある小農経営と小農家族）を中心に据えるのは、いくつかの正当な理由がある。第一に、マクロレベルを特徴づける矛盾、関係性、傾向の多くは、しばしば最も雑然とした形ながらミクロレベルにも表出するものである（Mitchell 2002）。第二に、ミクロレベルこそが、争いや変革の種が発芽し、根づく場所だからである。第三に、農業研究における最大の落とし穴のひとつは、「マクロ要因」と「マクロ効果」を直結させることに起因している。こうした頻繁に行われる推論は、ミクロレベルの検討を完全に無視している。ミクロレベルとは、傾向、予測、価格関係、農業政策における変化、あるいはその他マクロな要因が、農民（および他のアクター）によって能動的に解釈された後に、自らの言語に翻訳され、一連の行動へと連動する場所にほかならない。それゆえに、一連の経過が実際に発生するマクロ効果を生み出すことになるのである。それは例えるならろ過のプロセスのようなものだ。マクロレベルからの刺激（価格、政策など）は、ミクロレベルで活動するアクターによって、またアクターを介して媒介されていく。これらアクターの論理を理解しなければ、こういったマクロの刺激の効果や結果を理解したり、予測したりすることは不可能である。よく知られている例としては、「逆供給曲線」[1]がある。方法論的な落とし穴の危険性を指摘したチャヤノフによると、「一般的な経済過程を明らかにするためには、……経済機械（すなわち、小農経営）[2]の作用機構を完全に理解する必要がある。この作用機構は、国民経済的要因の圧力のもとにあり、それ自身の中で生産プロセスを編成するが、その代りに、他の要因と同様に、国民経済全体に影響を与える」（Chayanov 1966: 120）。チャヤノフが決定論的な落とし穴に陥るのを防いだのは、この方法論的スタンスによるのである。

賃労働なき、資本なき生産単位としての小農経営体

チャヤノフは、シンプルだが力強い出発点から分析を始める。小農的農業は（一部の例外を除いて）賃金なき労働に依存している。労働は労働市場を介さずに供給される。つまり、家族労働なのだ。農業労働力は農家の家族内でまかなわれる。これは単純で自明のように思えるが、その影響は広範囲に及ぶ。賃金が支払われないので、利潤は計算することができない。その結果、資本主義経済を支配する秩序原則（例えば、利益の最大化や労働投入量の削減により達成されることが多いコスト削減など）は、小農的農業には適用されない。したがって、小農経営のダイナミクスは、異なる合理性に従う内部バランスの追求によって特徴づけられ、規定されるのである。

労働生産（または家族労働生産）とは、総生産（農場の生産物を商品化することで得られる）と、年間の物的支出との差を指し、現在の研究で「労働所得 'labour income'」と呼ばれているものと同じである。それは、完了した仕事から得られる所得である。この労働所得または労働生産は、「小農家族や職人家族にとって」唯一意味をなす「所得形態であり、分析的にも客観的にも分解し得ない」（ibid.: 5）。賃金が支払われていないので、純利潤というカテゴリーも存在しない。「したがって、資本主義的な利潤計算の適用は不可能である」（ibid.）。

小農的経済の中では、労働を提供するのは主に家族である。これは、労働市場が労働の配分と報酬を支配しないことを意味する。資本についても同様である（とはいえ、この点については、チャヤノフは明確には触れていない）。すべての小農経営は資本を持っており、それゆえに資本を表象する。しかし資本とはいえ、マルクス主義的な意味で理解される、関係性としての資本ではない。小農経営に含まれる「資本」は、家やその他農場の建物、土地、そこに施された数多くの整備や改善事業（道路、水路、井戸、段々畑、土壌肥沃度の向上など）、家畜、利用可能な遺伝物質（種、種馬）、機械、利用可能な牽引動力（どのような種類のものであれ）で構成される。記憶もまた、資本の本質的な一部を成し、（生産物の販売、相互扶助、種子交換のための）ネットワークや貯蓄（必要なものの購入に充てることができるお金）も同様である。

しかしこの「資本」は、剰余価値を生み出すものでも、さらなる剰余価値を生み出すための再投資を目的として使われるものでもない。すなわち、「古典

的（マルクス経済学における）公式のM（貨幣）－C（商品）－M+m（さらなる貨幣）に準拠していない」のである（1966: 10[3]）。また、他人の賃労働を搾取することで得られるものでもない。小農的農業では、「資本」とは単に利用可能な建物や機械などの総和である。「建物、家畜、設備に価値をつけ、総額を算出することで、ロシアの小農経営農場の固定資本の規模と構成を知ることができる」（ibid.: 191）。家族経営では、資本とは「家族資本」のことであり、ほとんどの農家はそう呼ぶものである。これは、小農家族によって生み出され、管理されている資源基盤の一部である。何よりも重要な利用価値を備え、これにより小農家族は農業生産活動に従事し、生活の糧を得る[4]ことが可能になる。この「家族資本」とは資産を表す。農家は人生をかけて、この資産の拡張を試みる。これにより、農家はより少ない労働苦痛でより多くの効用をもたらす生産プロセスを導入することが可能となる（後述）。また、不作や病害などに対する緩衝装置（すなわち保険の基礎）としても機能し、最終的には次世代が彼ら自身の経営を開始するのに役立つ。

　家族資本は、資本市場の影響を受けることなく発展し、利用される。平均利益率に匹敵する収益率を生み出す必要性は、本質的に持たない。仮に（仮説上の）収益率が赤字であったとしても、小農経営は農業を継続し、資産を拡大することが可能だ。理由は単純で、資産は利潤を生み出す必要がないからである。資産の価値とは、利潤を生み出す能力にあるのではなく、短期的にも長期的にも小農家族が生計を立てることができるという事実にある。その利用のあり様は、資本市場の指図を受けることなく、小農の家族内で、かつ自分自身が定義する筋書きによって決定される。

　ここで強調しておきたいのは、上述した特徴（労働は家族労働であり、資本は家族資本であり、収入は労働所得として計算される）は、伝統農業や奥まった田舎に限ったものではないということである。これらの特徴は、現在のヨーロッパ農業の中にも存在している。ヨーロッパ中のほとんどの農場は家族経営であり、家族の労働力と数世代にわたって培われてきた資産に基づいている。言い換えれば、こうした生産単位は、理論面でも実践面でも市場の直接かつ排他的な支配下にある企業として理解することはできないのだ。

　北西ヨーロッパの農業が、これを示す間接的ではあるが良い例である。よく知られているように、同地域におけるほとんどの単一経営や農業部門全体の「経営の純収益」（全労働者に労働市場の相場通りに賃金が支払われ、全資本の利子が

現在の市場の利子率で支払われた場合にのみ、計算によって導かれる仮想概念）は、ほぼ常に赤字である。少しどころではない、大赤字なのである。したがって、これらの経営が資本主義的企業として機能することは不可能であるし、実際にもそうはなっていない。完全に不可能なのだ。その理由は、ほとんどの「資本」は平均金利を払う必要はないということである。むしろ、利用可能な資本は、単独で所得を生み出すために必要な資源にほかならない。労働についても同様であり、それは家族が持つ（多くの）ニーズを満たすために（直接的、間接的に）使われ、資本形成（すなわち後述の「美しい農場づくり」）にも仕向けられる。これらすべての点において、農民たちの戦略的行動、すなわち経営と家族の両方にかかわるさまざまなバランスの調整方法は重大である。

　分析の過程において、家族（経営が属している）と経営は切り離すことができないし、その逆もまた然りである。これを理解するためには、家族の中で、そして家族経営の中で作用している独特のバランスを徹底的に探る必要がある。これらのバランスは家族の内部で作用するが、実際には家族を超えている。これらのバランスは、農業を営む家族と農場を、活動を取りまくより広い環境と結びつけているのである。このことを、バリュー・フロー（価値の流れ）分析、より正確にいえば、こういった価値の流れが社会的にどのように定義されているのかの分析を通して描き出してみようと思う。最初に挙げるのは、筆者が1970年代後半に働いていたギニアビサウの米生産の事例である。

Box 2.1　穀物倉

　米はギニアビサウ南部の主要作物である。この地方ではボラーニャス（bolanhas）と呼ばれる熱帯地方特有の米作干拓地で栽培される。美しい水田は非常に広大であることが多く、堤防で囲まれ、周囲の丘陵地から引いた淡水で灌漑されており、たいていの場合、驚くほど収量が高い。バランタの人びとはボラーニャスを構築し、大豊作をもたらす技術を習得してきた。彼らは労働者集団（バランタの人びとの文化的レパートリーの中心的要素を占める）によって建設と農業生産の両方を行う。米は収穫後、この地方で「ベンバ」〈bemba〉または「ンフル」〈n ful〉と呼ばれる巨大な穀物倉に集められる。拡大家族（モランサ〈moranca〉と呼ばれる）は穀物倉ひとつ（もしくは主な穀物倉と「サテライト」と呼ばれる点在する小穀物倉を数カ所）を所有しており、拡大家族の家長が管理している。部外者から見れば、ベンバで保管されているのは米だけだ。しかし関わりのあるアクター

たちにとっては、その中身は米の調達元やその後の移動という複雑な全体像を表しており、多様な義務や行き先などをも示唆する。以下の図が示すように、ベンバは、幾度となく発生する移動、関係性、内在するバランスが出会う場であり、だからこそ、それらはお互いの関係性の中で慎重に調整される。

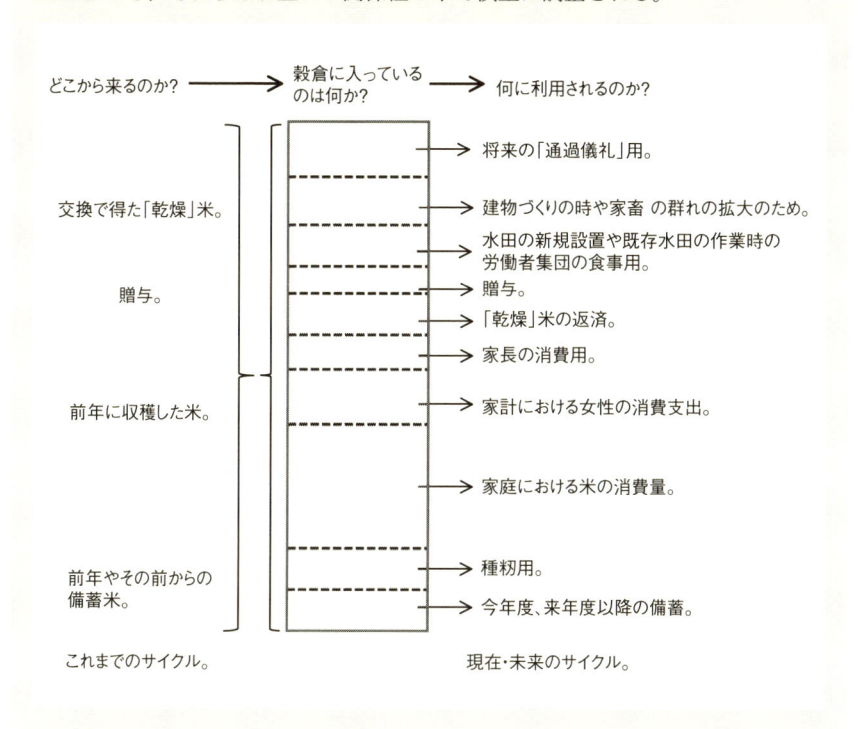

バランタ社会では、多くの関係性はバランスを取る必要がある。第一に、過去、現在、未来の間に存在する関係性だ。備蓄とは、その関係性を戦略的に表現したものである。すなわち、備蓄は短期、長期的に食料安全保障のために利用される。この点で、バランタの人びとは中国の小農と似ている。彼らは、新米の収穫が確保されて初めて、前年までの収穫（の残り）を販売する。しかし、多数の家畜用建物や、ファナド（少年が成人男性となるための通過儀礼）に向けた備蓄も、過去、現在、未来との間で取り結ばれるバランスの重要な表出である。

　第二に、他者との関係性がある。その中には、ベアファダと呼ばれる隣接地域の人びとも含まれる。彼らが栽培するのは「乾燥」米（灌漑されていない米）（訳者注：陸稲のこと）であり、水田の準備や田植えといった辛い仕事が必須のバランタの人びとがより好む米だ。彼らにとっての新鮮な「乾燥」米は、さらなるエネ

ルギーを与えてくれる。バランタはベアファダの農家から米を受け取り、自分たちの収穫後に同量の米を「お返し」しなければならない。また、都市の親戚への贈与（親戚はお返しの贈与をする）や、村内での贈与交換もある。これらはすべて、慎重なバランスの保持を内包している。

　第三に、拡大家族内部におけるバランスがある。米の一部は直接消費に使われ、その他は販売されるか、村で生産できない消費財（衣類、電池、ラジオ、自転車、銃など）と交換される。このカテゴリーの中では、拡大家族や世帯の家長とそれ以外の構成員、とくに女性の消費支出は明確に区別されている。ここでバランスが崩れると、女性は逃げ出してしまう。

　第四に、生産と再生産の関係性（とくにボラーニャスの維持を含む）を慎重に調整する必要がある。このバランスが崩れると、不可逆的な問題が起こる可能性がある。

　穀物倉に保管されている米のほとんどは販売されている（これは前頁の図の7セクションに当てはまる）。しかし、得られた貨幣の流れる先は、特定の目的と行き先に限定される。ここに見られるのは、社会的に定義された分配プロセスであり、非常に柔軟性が高い。当事者たちによる判断の変化や、彼らの間の交渉によって、図の点線の位置が変化することもある。また、相互依存性も強い。例えば、ある年の消費支出の削減が、労働者集団への支払いを増やすことに向かうとすれば、それにより将来の収穫量を大幅に増加させることもできる。チャヤノフの言葉を借りれば、これは労働苦痛と満足度のバランスの変化を意味する。

　これら価値の流れは社会的に定義されるが、だからといって生産と分配のパターンが社会の外からの影響、あるいは歴史の影響をまったく受けないわけではない。逆である。例えば20世紀初頭、税金と賦役（強制労働）によって稲作が大きく衰退したが、宗主国ポルトガルの直接支配から大多数のバランタ住民が逃れてきたときにのみ、この傾向は逆転した。彼らは南部の空白地帯で、政府の支配が及ばない地域に移り住み、再び稲作を盛んにした。現在は、カシューナッツの生産と東南アジアからの安価な米の流入が、再び生産崩壊の引き金となる恐れがある。

　この事例は一見した限りどこか遠い異国の出来事のように思えるかもしれない。しかし、価値の流れの（市場的ではなく）社会的定義は、ギニアビサウ南部のような遠く離れた低開発地域（開発途上地域）に限定されるわけではないことを忘れてはならない。Box 2.2 は、ヨーロッパにおける機械利用の概要を簡単に示している。関連する価値の流れは、農民の社会的価値観に根差したさま

ざまなバランスに強く支配されている。またこれらのバランスは、経営構造や
生産過程が商品の関係性の影響を直接受けたり、規定されたりすることを避け
るのに役立っている。

Box 2.2　機械の流れ

　北西ヨーロッパの農業はかなり多様である。この点は、農業形態の観点から
説明されることが多い（第4章参照のこと）。各々の農業形態の特徴は、例えば農
業機械のような川上市場に対する戦略に基づいた関係性に見られる。特別な農
法（例えば「先駆的農家」）だと、経営者は最新のトラクターや機械を頻繁に購入
し、新技術がもたらす可能性に応じて経営を再構築する。購入したトラクターや
農機具は、4年（法定の減価償却期間であり会計上の利益が得られる期間）後にすべて
売却し、最新のものを手に入れることが多い。また他の農業形態（例えば、巨額
の資金をかけることを嫌う「節約型農家」）では、その経営者は先駆的農家が売却す
る中古機械の購入を選ぶ。この方法により、節約型農家はずっと安く機械を取得
し、高度な機械のメンテナンス技術を習得して、購入後例えば12年もの間使用
する。これにより、節約型農家は先駆的農家よりもはるかに経費を抑えることが
できるのだ。このように、機械には特定の流れ（機械産業やディーラー→先駆的農家
→節約型農家）が存在する。このような機械の流れは（ギニアビサウの米の流れと同
じように）特定の経路をたどる。すなわち、多様な農業形態とともに発達したバ
ランスが連動し合う「入れ子型市場」を経由するのだ。例えば、資本形成と労働
のバランス（一般的な労働苦痛と効用のバランスのより具体的な表れである）は、二つ
の農業形態では大きく異なっている。

　機械の流れは、その他にも特定の農業形態に付随するバランスに適応する形で
生み出される。例えば機械協同組合、特定の機械を所有するコントラクター（他
の農家が請け負うことが多い）を雇う場合、あるいはもちろん、互酬性に基づく相
互扶助のパターンなどである。

　この一般的パターンが、他の多くの具体的な実践や関係性を導く。オランダ
やイタリア（これらの国々でも筆者は長期間仕事をしたことがある）の多くの小農は、
例えば、未経産牛やトマトの販売で得たお金を、酪農用の混合飼料や秣の購入
に関連づけようとする。だからこそ、必要となった追加の混合飼料や秣が家畜
小屋に届いたときに、「すでに支払い済みだよ」というフレーズを小農は好ん
で使うのである。この仕組みによって、農民は、家畜小屋が市場の支配下に置

かれずに済む。社会的定義により、家畜小屋は市場の介入を受けずに済んでいる。このようにして酪農は事実上、市場から切り離されているのだ。

　資本主義的農場とは対照的に、小農経営における生産過程は、賃労働－資本関係の論理によって規定されるものではない。もし利潤が目的であれば、人びとはきっと土地を売却するだろう。しかしそうはせず、小農たちは土地に固執し、土地を耕し、あるいは放置して遊ばせる。その結果、小農たちはマクロレベルから見ると、予想外で、しばしば逆効果となるような結果をもたらす（Box 2.3 を参照のこと）。要するに、労働過程、資産の利用と開発、とくに資産と労働の関係は、一般的な資本－労働関係に規定されないのである。これらは、資本－労働関係の影響を受けるかもしれないが、それでも直接的にそのあり方を形づくったり、作り直したりする（「決定」する）ものではない。生産過程の編成は、一般的な資本－労働関係に内在する論理に逆行するかもしれない。それは、上記の一般的な関係が埋め込まれているさまざまな領域（例えば、労働市場、資本市場、食品市場など）における束縛的な合理性の逆をいく可能性があるのとまさに同じである。

Box 2.3　地中海の資産

　地中海ヨーロッパでは、資産維持（資産を家族内で維持）に対する欲求を主要な原動力として理解すれば、多くの経営（小規模経営だけでなく多数の大規模経営も）の現在と継続性の説明がつく。その存続は、市場との関連性だけでは理解することはできない。こういった経営は多就業の家族に属している。家族は、多種類の活動を通して所得を得ていて、農業はそのひとつにすぎない。カール・マルクスの言葉を借りれば、家族員たちは、午前に畑で働き、午後に地元の学校で教え、夜には自身の葡萄園のワインをたしなみながら、（おそらく）詩を書くのだ。

　イタリアでは、40 から 55 歳までの男性農民の 63％が、自分の農場を持っていても兼業で働く。2007 年センサスのデータによると、パートナーが農場外のどこかで副収入を得ている農家は多い。こうした兼業農民のうち、世帯収入のすべて（あるいはほぼすべて）を農業から得ているのは、わずか 15％のみである。43％の農家にとって、農業収入の家計への貢献はわずかである。さらに、これらの経営の 22％は、農外収入の一部を経営に補填しているからこそ存続が可能になっているのだ。

　上記の点は、小規模経営に限られているわけではない。またこれらの傾向は、

非合理的な行動の結果であるとの説明も無意味だ。繰り返しになるが、重要なのはこれらの経営は（マルクス主義のいう）資本を表していないということである。予め設定された利益率の実現にこだわる必要はとくにない。また、必要な労働は賃労働ではない（すなわち、労働市場が規定している労賃水準に従う必要はない）。

　低迷する農産物価格のため、数多くの経営は部分的に営農を停止している。これは、地域経済、景観、地域の生態系に悪影響を与えている。

　農業における所有規模の大小がもたらす相対的なメリットをめぐる論争において、チャヤノフは、上記のことをすべて明確に表明してきた。その時点ですでに「農業の発展に寄与する所有規模についての 30 年越しの論争」があった。その論争においてチャヤノフは、「ウラジーミル・イリイチ（すなわちレーニン）の著作」が重要な役割を果たしたと明確に述べている（Chayanov 1923: 5）。チャヤノフによれば、この議論は誤解に基づいていた（今もそうである）。規模自体はそれ自身決定的な要因ではない。むしろ、時代とともに変化する（常に明確な上限はあるものの、より大規模な所有を可能にする）技術開発と生産単位の特性とのバランスが、社会経済的な最適規模を決定する。とはいえ、こうした考察は二次的な重要性を備えるにすぎない。「本質的な問題を特定したいのであれば、所有規模の大小のような量的特性を単に対立させてはならない。取り組むべきは、資本主義経済と［小農経済］という 2 種類の異なる経済の本質を質的に分析することである」[5]（Chayanov 1923: 7）。したがって、規模は曖昧な分類である。小農経営としては大規模でも、資本主義的農場としては小規模のこともあり得る。大きすぎても小さすぎてもよくない。規模は相対的なのだ。このことによって、次の論述は説明可能である。「なぜ私たちの周囲（当時のヨーロッパの大部分が含まれる）で生産単位としての小農の消滅が見当たらないのか。それどころか、小農の社会的集団は大幅に増加した。その理由は、彼らの社会経済的特殊性に由来する」（ibid.: 6）。さらにチャヤノフは、こうした特殊性をその理論研究の中で体系化し、「規模の小さな小農経営が、歴史的に、なぜ、どのように大規模な資本主義的農企業に抵抗できたのか」という問いに対する十分かつ納得のいく答え（ibid.: 8）であると主張する。

　小農経営体と資本主義的農場の内部の仕組みは異なる。資本主義的農企業が大規模で、絶えず拡大しようとする理由は、投資された資本に対する高い収益率を求めるからである。小農経営がたいてい規模が小さい理由は、基本的に家

族労働に依存していることで説明できるが、歴史的経緯や深刻な周縁化の影響の両方またはいずれかも理由としてあるはずだ。

　小農経営の内部の仕組みと、それに関連した抵抗と発展のための筋書きは、二つのバランス（労働と消費、労働苦痛と効用の間の）に非常に深く根ざしている。この二つのバランスについては以下に詳述しよう。

労働－消費バランス

　チャヤノフによれば、生産単位としての小農すべてにとって心臓ともいえる重要な部分は、労働と消費のバランスである。すなわち、ある家族の消費需要と、同じ家族内に存在する労働力との関係である。「私たちにとって、農民家族とは、経営単位を成り立たせている基本的な初期単位であり、その要求に応じなければならない顧客であり、かつその強さによって経営が組み立てられる作業機械でもある」（Chayanov 1966: 128）。この特定のバランスの中で、労働は調達可能な家族労働力（すなわち、作業ができる働き手のこと）を指し、消費とは養うべき口の数を指す。狭義では、労働とは食料生産のことであり、消費とは生産物を食べることである。より一般的に言えば、総生産（市場で販売したものも含む）と消費のバランスは、家族の多様なニーズを満たすためのものであり、その多くは市場経由で満たされている（そして、生産で稼いだお金で支払われている）。はっきり言うと、今日の世界では、昔もそうではあったが、市場に頼らずに家族や経営を再生産することは不可能である。商品の流通回路から独立した者など存在しないのだ。ロビンソン・クルーソーはフィクションであって、現実ではない。それでも、家族と経営の商品流通回路との関係性の有り様は、非常に多様なのである（第4章を参照のこと）。

　労働と消費は別ものであり、同じ基準で測れない。しかし、両者はバランスを取る必要がある。一方は他方の必然であり、逆もまた然りだ。消費がなければ労働は存在しない。そして消費がなければ、労働は無意味である。しかし両者の間には、単純な直線的関係はない。両者は単純に交換可能ではない。それどころか、労働と消費は結合してこそ、経営とその運用における多くの具体的機能を制御する動的なバランスとなるのだ。初期ロシアにおいては、このことがとくに顕著に現れたのは、それぞれの農業を営む家族の耕作面積であった。「小農経営は、数十年の間に［…］家族のライフコースに応じて常に面積を変

化させており、この変化を規定する働き手の数は脈動曲線のような動きを示す」(Chayanov 1966: 69)。所与の働き手で養わなければならない人の数が多ければ多いほど、耕作面積は大きくなる。土地が不足している場合は、消費人口／労働人口比率が同様に変化すれば、「工芸品、交易、その他の*非農業的稼ぎ*」を強化したり、または拡大したりする（ibid.: 94; 斜体は原文ママ）。

　労働−消費のバランスは、耕地面積や収量水準を決定づける唯一の要因ではないし、決定的な要因とはまったく程遠い。チャヤノフはこの点で非常に明確である。「家族は、**ある農園の規模を決定する唯一の要因ではない**」(1966: 69、斜体は原文ママ)。チャヤノフが労働−消費バランスから考察を始めたのは、おそらく教育的な理由からであろう。続いて、チャヤノフは他にも多くの追加的な、かつ（もしくは）媒介的な関係性やバランスについて言及している。これらをひっくるめて集約したものが、チャヤノフが言及した「小農経営の組織計画」である。これは、相互依存している統一体である。「家族経営を構成する数々の要素は、そのひとつたりとも自由に存在するわけではない。すべての要素が相互に影響し合い、互いの規模を決定する」(ibid.: 203)。相互依存的であるのは、それがうまく平衡化された総体であるからであり、今ではやや時代遅れの言葉であるがチャヤノフが述べたように、うまく平衡化された「経済機械」だからである（ibid.: 220)。

労働−消費バランスの政治的意義

　経営における労働−消費バランスがうまく機能するためには、以下の3条件を満たす必要がある。

　1）小農家族は、生産する価値全体にふさわしい、納得のいく割り当てを受け取る必要がある。仕事量が増えれば、所得の向上につながらなければならない。要するに、労働には、労働過程にかかわる人びとが「公正」だと感じ、自分たちの消費ニーズを満たすのに十分と思える所得が伴わねばならない。
　2）労働過程が組み込まれている関係性は、働く場における自立と自由をもたらすものである。農場と家族に存在する正確な条件を知っているのは、小農家族自身だけである。したがって、必要とされる均衡の正確な性質を評価できるのは（家族内の対話や交渉を通してであれ、あるいは家父長的な強制によっ

てであれ）、家族だけである。同様に、必要とする効用はどの程度で、労働苦痛はどの程度まで許容範囲なのかも、算定できるのは農家だけだ。この点は、チャヤノフ（1924: 5）が『社会農学』の中で非常に明確に述べているように、我々が対象としているのは、「自らの見識と意志に基づいて経営を営む独立生産者であり、誰も彼らの農場を処分することはできないし、彼らに命令を下す権利はない」のである。さらに、「農場外の権力が農場を経営することはできない。経営をうまく回し、必要があれば適切な方法で軌道修正ができるのは、農場について広範な知識を持つ実際の生産者だけだ」とも述べている（ibid.: 6）。3）労働過程は、精神労働と肉体労働の有機的な統合を土台に構築される必要がある。労働過程に直接関与しているのは、主要な決定を下すのと同じ人たちだ（世代間、ジェンダー間の込み入った対立もあり得るが）。別の言い方をすれば、労働−消費バランスは、労働と生産過程に対する外部からの指示や規制する動きを妨げる。これはまた、柔軟性の低い形式の「水平的協力」（チャヤノフが使用した用語で、コルホーズのような国家が管理する生産協同組合の意）をも妨げる。

こういった諸要件と、その前提となる労働−消費バランスの強固な関連性は、1970年代の終わりに再浮上した。中国の安徽省の小農で構成される小規模グループが反乱を起こし、最終的には大きなうねりとなったときのことである。この事例をネッティング（Netting 1993: viii）は、「社会主義的集団化の時代を経た中国における、小自作農家の劇的な復活型」と総括した。反乱を起こした小農たちは次のようなスローガンを掲げて自分たちの立場を明確にした。「国家に十分支払い、集団のために十分な貯蓄をし、その上で残ったものはすべて私たちの手に」（Wu 1998: 12）。このスローガンは、小農と国家の間の総合的バランスを、公平性に基づいて構築し、維持しようとする小農層の典型的な欲求を反映している。総合的バランスがうまく均衡してこそ、家族経営は自身の努力を通して自身のニーズを満たすことができるのだ。[7]

労働−消費バランスの科学的妥当性

家族経営の生産機械を動かすのは労働−消費バランスであり、その理論的・方法論的妥当性は、農場、その運営と発展が外部との関係性や条件などの（ど

のような種類のものであれ）単純な結果ではないことを明確にする点にある。これは、例えば農業ポリティックスやあるいはそれによる転換過程を議論する際にとくに重要である。小農経営は戦略的行動で構造化されており、取るべきバランスを見極め、可能な限り均衡状態に近づくよう経営とその力学を整序する。外部との関係性や世の中のトレンドは咀嚼され、積極的に圃場での作業に変換される。今日の用語で言えば、小農経営とは円滑に機能する「アクター・ネットワーク」、すなわち、土地、植物、家畜、堆厩肥、種子、建物、労働、工芸品、知識、機械、ネットワーク（そして森林、薬草園、アグリツーリズムの施設、直売店なども含むであろう）の巧みな組み合わせである。また、外部の状況、機会、脅威に対応すべく能動性をもって構築された応答ともいえる。これが当てはまるのは農場とその運営形態だけではない。農場における力学、すなわち能動的に展開されていくその態様にも適用されるのだ。

　家族内に存在する主要なバランスの均衡を図る経済機械として家族経営を理解することは、小農経営を資本と労働の矛盾する組み合わせの上に成り立つ本質的に不安定なシステムとして見なす見解を否定するものでもある。

> マルクスは、労働者を雇わない小農を一種の双子の経済人と呼んだ。「彼は生産手段の所有者として資本家であるとともに、資本家である彼自身の賃金労働者としての労働者でもある」からだ。さらにマルクスは、「この（つまり資本主義の）社会では、両者の分離は正常な関係である」と付け加えている。社会における分業の増大法則によれば、小規模な小農的農業は、必然的に、大規模な資本主義的農業に取って代わられなければならない（Thorner 1966: xviii）。

　他にも多くのマルクス主義者たちは、小農が絶滅の運命にあるという概念を露骨に否定した。ローザ・ルクセンブルク（Rosa Luxemburg 1951: 368）は次のように述べている。

> 資本主義生産におけるすべてのカテゴリーをそのまま小農に適用して、小農を自営企業家、賃金労働者、地主が一体化した人間として見なすことは、空虚な抽象化にすぎない。小農層の経済的特殊性は［…］、彼らが資本主義的企業家の階級にも賃金プロレタリアートにも属さず、資本主義的生産

　ではなく、単純商品生産に従事しているという事実そのものにある。

　うまく均衡しているアクター・ネットワークが構築されるのは、明瞭に特定された目標を軸に据えた明確な戦略がある場合においてのみである。チャヤノフは、「この仕組みすべての要素を束ねる力」(1966: 103) とは何なのかと問うた。それはもちろん、家族の所得向上に対する欲求である。非常に単純なことだ。非常に単純とはいえ、これは今日存在する世界の形成に役立った主な二点を浮き彫りにしている。第一に、生産の場とは、小農家族が解放のために奮闘する場所である（所得の向上によって実体化され、結局経営改善につながる）。第二に、この奮闘は結果的に、農業生産を継続的に増加させる。したがって、農業生産の主要かつ決定的な推進力となるのは、解放の探求である。

　所得向上を目指した奮闘が担う中心的役割は、農業所得と、作付面積、建物や設備の資産価値、牽引用の牛や家畜の頭数など多くの構造的な経営要素との間に存在する強い相関関係によって描き出される（Chayanov 1966: 103 の表 3-18 を参照のこと）。「小農家族は単位労働当たり最高の報酬を求めて」(ibid.: 109)、より良い所得を生み出すために経営を改善する（すなわち耕作面積を広げ、雌牛、雄牛、馬の頭数を増やし、資本形成に投資する）。そして、その戦略が成功すればするほど農家所得は多くなる。さらに、チャヤノフが他のところで述べたように、「年間生産量が多ければ多いほど、小農家族にとって資本形成の手段を獲得しやすくなることは明らかである」(ibid.: 11)。

　しかしながら、一連のサイクルはさまざまな制限を受け、それはときに深刻である。第一に、利用可能な家族労働力によって制限される。これは、労働集約度（単位面積当たりの労働投入量）にも縛りがあることを意味する。第二に、資本集約度（単位面積当たりの資本量）にも限界がある。利用可能な技術のレベルを超えることも、農家の資本形成の可能性を超えることもできない。結果的に、労働と資本双方の投入は、効率と労働苦痛の間に存在する別のバランスに依存することになる。

効用と労働苦痛のバランス[i]

　効用と労働苦痛のバランスはチャヤノフが論じた第二のものである。繰り返しになるが、小農経営がうまく機能するためには、効用と労働苦痛という同列に並べることができない二つの現象を、一定の均衡状態に持っていく必要がある。労働苦痛とは、総生産量（または総農業所得）を増加させるために必要とされる追加の労力を指す。労働苦痛は、辛さ、長時間労働、灼熱の太陽のもとで汗を流すこと（冷えた一杯のビールを夢見ながら）、夜明け前の作業開始、凍てつくような環境、水浸しの環境での作業などと関係している。農作業は、喜びを伴い意味ある活動と感じられることが多い。しかし一方で、肉体的な労苦を伴うものでもあり、こなす仕事が増えると、辛さをより強く感じられるようになる。これこそが、分析的な概念としての労働苦痛が捉えようとしていることである。労働苦痛の対極にあるのが効用であり、生産量の増加で得られる（どんな性質のものであれ）余剰利益のことである。ここで重要なポイントは、家族経営は両者の間のバランスを探求するということだ。

　一般的に言えば、生産の増加は労働苦痛の増加と効用の減少を意味する。しかし、「両者の関係を、一方が他方に一方的に依存していると考えるのは安易にすぎるであろう」（Chayanov 1966: 198）。むしろ、「私たちの目の前に相互に連結した二つの現象グループが存在し、両グループは構成要素間の均衡を確立することでひとつのシステムを形成する」（ibid.）のである。

　小農は、「家族の需要が刺激となって労働を行い、要求の圧力が強くなるにつれて、**より大きなエネルギー**を生み出す。［…］そして幸福度の増加につながる」（ibid.: 78; 斜体は原文ママ）。言い換えれば、労働人口一人当たりの消費人口数が増加すると、労働人口の生産高を上げる必要がある（例えば、労働人口一人当たりの土地面積を増やしたり、資源の質を向上させたり、より多量の資本財を生み出したりすることである）。苦痛－効用バランスが戦略的なものとして現れるのは、ここである。「家族経営の農場で一人の働き手が生み出すエネルギーは、家族内の消費需要によって刺激を受ける」（ibid.: 81）が、その一方で、「エネルギー

---

i)　労働による効用と苦痛のバランスが本意であるが、労働効用・労働苦痛バランスと表記するのは煩わしいので、以下では効用－苦痛バランス（または苦痛－効用バランス）と表記する。ただし、より明確にする必要がある場合には「労働苦痛」を用いている。

の支出は、労働それ自体の苦痛によって抑えられる」（ibid.）。

　表面的には、労働 − 消費バランスと苦痛 − 効用バランスは同じように見える（苦痛を労働に、効用を消費に置き換えてみればとくにそうだ）。両者は関連しているが、まったく同一ではない。基本的な違いがあるからだ。労働 − 消費バランスは、世帯レベルの問題で、労働人口に対する消費人口についての話だ。苦痛 − 効用バランスは労働人口である個人（とくに家長）と関連しており、「*一人の人間*が一定期間に行う仕事量が多ければ多いほど、*その人間*にとっては、費やした労働の限界苦痛は増加していく」（ibid.: 斜体は筆者追加）。

　この違いは戦略的なものだ。なぜなら、小農経営において生産の拡大、家族の幸福度の向上がどのように可能なのかを説明するからである。一人の働き手がより苦痛の多い労働に従事することで（つまり、より精を出して働くことで）資本形成に貢献し、その結果、利用可能な労働力でより高レベルの生産が可能になる（つまり、働き手一人当たりの純生産量が増加する）。その結果、高まる家族内の消費需要を満たすことが可能となる。

　図表 2.1 は、苦痛 − 効用バランスを典型的なチャヤノフ方式で表現したものである。実線は「効用」（総生産量の増加に伴い、単位当たり生産物は減少する）と「労働苦痛」（総生産量のさらなる増加に伴い増加する）を表す。二つの線は E1 点で均衡する。この点がある生産水準（P1）を表す。さてここで、効用が家族の当面の消費ニーズを超えて拡大された場合（例えば、「美しい農場」[Box 2.4 参照のこと]の創設など）、新たな「効用曲線」が定義されて、新たな均衡（E2）に達する。その結果、新たな生産水準（P2）が決まる。これにより、家族経営は、当面の消費ニーズを満たすだけにとどまらず、資本形成（すなわち、未来の「美しい農場」建設に向けて準備を整えること）に取り組むことも可能となる。このように、解放への願望は、生産の拡大と資源基盤の物質的向上へと変換され、実現される。このため、苦痛は再定義されるかもしれない。例えばジャガイモを生産するという行為が近い将来、より良いバランスのもとでの仕事が可能になると知っていれば、苦痛もより軽く感じるものである。このようにして新たな苦痛線が出現し、それにより新しい均衡点とそれに対応する生産水準が決定される。その結果、効用と苦痛の両方とも、それまでとは違う形で認識されることもあり得る。こうして、E3 と P3 が可能になる。

　図表 2.1 で示した複雑に思える仕組みは、日常では文化的レパートリー（価値、規範、共有された信念や経験、集団的記憶、経験則などで構成される）が統括し

図表2.1　苦痛－効用バランスの再評価

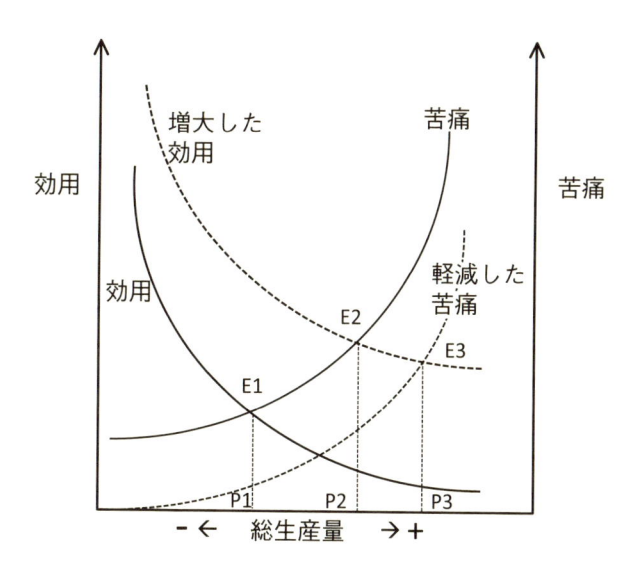

ており、それぞれの状況に応じた適切な対応を特定する。例えば、「優れた農民はいちばん良い牛を絶対に売らない」という表現がある。やや漠然とした表現に思えるかもしれないが、農家の日常においては資本形成を視野に入れた正確な基準である。「いちばん良い牛」から良い仔牛が生まれる可能性があるからだ。すなわち、こういった牛は世話をすることで生じる苦痛に見合うだけの価値があることを示唆しているのである。さらに顕著なのは、例えば「良い牛は貧しい農民にはリスクが高すぎる」（突然死んでしまったら損失が大きすぎる）といった異なる経験則を伴っている場合だ。要するに、バランスの能動的な評価と再評価には、モラルエコノミー（Scott 1976）に基づく判断が含まれているのである。このモラルエコノミーは「経済機械」の外部に存在するのではなく、機械を作動させるのに不可欠なのである（Edelman 2005 を参照のこと）。

　この独特のバランスにはいくつかの意味がある。その二つについて簡単に触れておこう。第一に、**農業を成長させ、繁栄させようとする小農層の社会的かつ文化的な意欲**（労働苦痛を受け入れ、資本形成に向けた複数の過程に従事すること）**こそが、発展と成長に向けた農業過程の核心になる**と結論づけることができる。第二に、資本形成は、必ずしも（小農搾取の強化により）国家によって促されるものでも、国家を介して促されるものでもない。資本形成は、小農の積極的な関与をも

伴った分散型過程としても起こり得る。

Box 2.4　現在における苦痛－効用バランスの表われ方

　下の図（Ploeg 2008より）は、パルメザンチーズの原料となる牛乳を生産するイタリア北部の農家が使用している（微積分学的な）計算図式である。それは、一連の概念と相互関係の集合であり、農業がどのように組織されるべきか、その方法を特定するために使用される。この図式が示すのは農業特有の論理、すなわち、生産過程の認知の仕方、計算方法、計画の立て方、秩序づけにおける特定の方法である。この図式は概略的に示したもので、小農的農業に近い形で営農する農民が使用しているものである。なお、以下では過去に存在した歴史的な計算図式ではなく、今現在農場を経営している（驚くほど成功している）農民が使用しているものだ。

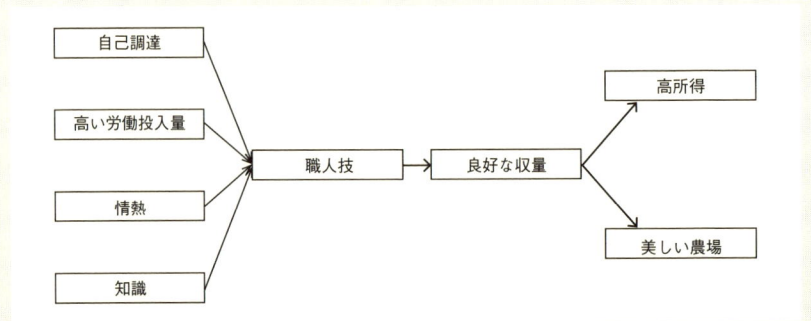

　この小農の論理では、*produzione*（良好な収量）という概念が中心的な位置を占め、重要な意味を持つ。この論理の中では *produzione* とは、労働対象当たり（例えば、牛一頭当たり、土地単位面積当たり）の生産量のことである。*Produzione* は量が多くて維持可能でなければならないが、小農たちの主張の通り「強制」されるべきではない。また、Cura（つまり、ケアという大切にする気持ち）と定義される枠組みの範囲内で、可能な限り高い *produzione* が目指されなければならない。すなわち、人は動物、植物、畑を大切に扱うことが求められ、さらに仕事も注意深く行われていれば、労働対象当たりの生産量は高くなる。Cura は職人技の表象でもあり、労働の質を意味する。より一般的に表現すれば、良好な作柄と着実な進歩を確実にするような生産・再生産過程のあり方である。

　イタリアの小農（contadini）の世界観では、高レベルの *produzione* が正当化されている。なぜなら、短期的には収入（guadagno）を継続的に生み出すからだ。

さらに重要なことに、長期的には美しい農場（la bell' azienda）の構築につながるからである。これらをひとまとめにすれば、チャヤノフによるところの「効用」の定義と重なる。

　Cura は以下の諸条件に依拠する。まず情熱（passione）、献身（impegno、すなわち労働投入量の多さと重労働）、プロ意識（professionalità、仕事を知悉している）である。そして最終的に不可欠なのが自給（autosufficienza）で、農場は可能な限り自給を追求する必要がある。労働の多投は明らかに「労働苦痛」の表れであり、ある程度は passione に支えられているかもしれない（図 2.1 で示したように「労働苦痛」は「労働苦痛が低い労働」へと移行する）。

　全体的としてこの計算図式は、現代の酪農における労働苦痛と効用の相互関係、および、労働苦痛と効用のバランスが収量に関係していることを示している。この点については第 5 章で詳述する。

主観的評価について

　チャヤノフの主要な論考は何十年にもわたって、さまざまな方面から多くの批判を受けてきた。筆者はここで、それら種々雑多な異論について論じ、反論するスペースは持っていない（その気もない）。しかしひとつだけ例外を設けようと思う。それは、小農経営とその力学に関するチャヤノフの理論は、基本的に「主観的評価」に依拠しており「唯物論」ではないという批判である。

　さまざまなバランスを評価し、それに基づいて経営の組織化に向けた計画へと転換する作業が、農家の家長の戦略的熟考や関連した「経済的な計算」（Chayanov 1966: 86）を通じて行われる限りにおいては、確かに主観的である。しかもその熟考は、世代間およびジェンダー間の関係性に大きく左右される。しかしながら、こういった熟考が農家の物質的現況（利用可能な土地、労働力、消費の必要量、資本形成の必要性など）だけでなく、営農にあたっての構造的環境（市場の状況、手工業や商売に従事する可能性、価格水準、「都市文化の影響」［ibid.: 84］など）を考慮し、（「必要に迫られて」、ibid.: 87）強く反映している限り、評価は客観的なものともいえる。評価は数値化も可能である（ibid.: 87）。

　主観的評価だからといって気まぐれに行われているわけでもなければ、実際の物的生活からの断絶を意味するわけでもない。それどころか、しばしば逆向きに作用する物質的現実を考慮に入れることである。重要なのは、これらの物

質的現実は自動的に影響を及ぼすわけではない——小農の能動的な観察、解釈、そして応答としての行動への転換を通して影響を及ぼすのだ。これらすべてを行うのは草の根レベルのアクターたちであるが、ロング・ロング（Long and Long 1992: 22-23）によれば彼らは次の能力を備えている。

> 非常に極端な圧力下にあっても、社会的経験を咀嚼し、生活の中での対処方法を考案する能力。限られた情報、不確実性、その他制約（例えば、物理的、規範的、政治経済的）が存在する中、［彼ら］社会的アクターは知識が豊富で有能である。

チャヤノフ（1966: 220）自身、来るべき批判を承知していたことは以下の発言から分かる。「［そういった］（主観的評価、限界支出、均衡などの）[8]用語を使用しているため、多くの読者は、私の理論式にざっと目を通しただけで、私をオーストリア学派に含めるかもしれず、そのために、この研究にはあまり注意を払わないだろう」。しかし、彼の線引き（と弁論）は明確で説得力がある。

> 限界効用学派［すなわちオーストリア学派］は、主観的な評価から［…］国民経済を包括する**全体**システムを導き出そうと試みたが、［それが］主要な誤りだった。私はそんなことをしない。私の分析の全容は、ずっと［…］**農場における諸々の過程**であった。（ibid., 斜体は原文ママ）

彼は続ける。

> 私は明確にしようと努めてきた［…］。**私的経済の視点から**（今日の表現に置き換えれば、関係者の視点から）、家族経営における生産機械がどのように組織されているのか、経営に圧力となる一般的な経済的要因がもたらす特定の影響にどのように対応しているのか、その生産量はどのように決定されているのか、資本形成はどのように行われているのか。（ibid, 斜体は原文ママ）

最後に、客観的に言うと、主観的な評価が必要なのだ。小農経営の内部では賃金が支払われないし、生産単位と消費単位を内的に組織する資本−労働関係が存在しない上に、必要な均衡は外部から一方的に押し付けられるものではな

いため、均衡は関係主体の主観的な判断で内的に評価される必要がある。主観的評価は単に不可欠なのである。もし主観的評価がなければ、結果は、まったく収まりがつかない要素の混沌とした集合体（機能不全の「生産機械」）となってしまうだろう。農の技とは、知識豊かで能力ある主体が、家族や経営に付随する多くのバランスを、試行錯誤し、目標への到達を志向して調整するときに初めて可能になる。つまり、主観的な評価は農業に本来備わっているのだ。特定の理論的筋道や特定の政治的傾向の中では、それと関連する限界主義的な計算はタブーとされているかもしれない。しかしそれがどうしたというのだ？

そうだとすれば、理論を調整するか、政治的立場を再定義する必要がある。我々は小農たちに、綿密な算段を行い、彼ら自身の利益と未来の展望を鋭く見抜くことを控えるように求めることはできない。そんなことは、彼らを自身の村の愚か者に仕向けることに等しい（Shanin 1986 も参照のこと）。

自己搾取

チャヤノフが発展させた概念体系の中で最も残念なのは、おそらく「自己搾取」という概念であろう。それは、その後の数十年に亘って相当な混乱を引き起こした。この用語は、「通常の賃金よりも低い報酬を得るために、栄養不足の小農家族が自らの肉体と精神を損ないながら従事する拷問のような労働」を意味するものとして理解されてきた（Shanin 1986）。端的にいえば、小農の自己搾取とは、カウツキーの消費不足に関する論文（それは小農の粘り強さを説明できると見なされていた）とレーニンが著した「労働の略奪」に関する論文を組み合わせたようなものである。ここで、経済的後進性がこれらを包括的に統合する存在として現れる——小農は非常に愚かであり、彼らは骨と皮になってしまうまで自らを搾取する、というわけだ。悪魔なみに過酷な労働に従事する彼らだが、それでも自分たちを養うことすらできない、と。

しかしながら、チャヤノフ自身の趣旨はまったく異なるもので、この点については本人がかなり明確に述べている。「自己搾取」とは、小農労働の生産性に相当する。すなわち、標準化された家族労働者一人当たりの純生産量である（Chayanov 1966: 70-71ff.）。「自己搾取の度合い」は、さまざまな要因に左右される。チャヤノフは、土壌の肥沃度、市場に対する農場の立地、現在の市場状況、地域の土地をめぐる関係、地方市場の組織形態、取引の性質、金融資本の浸透

度について論じている。この長いリストにある要因の数々は、「我々の現在の調査分野の外にある」（ibid.: 73）との注釈にあるように、チャヤノフは小農世帯と経営に内在する要因についての議論に限定している。

　当然ながら、労働者一人当たりの純生産量は、労働（または労働苦痛）の強度と長さ、生産にかかわるその他の経費（例えば、種子や農機具など）、および労働に対する報酬（すなわち、販売余剰に支払われる価格）に左右される。これらの価格と経費は、上記の外的要因に大きく依存する。この点にこそ、この謎めいた言葉使いが後に多くの混乱を引き起こした理由だというのが筆者の見解だ。搾取の概念は、二人の人間の関係を前提としている。その二人とは、余剰生産物を生産する者と、その余剰生産物を掌中に収める者だ。余剰生産物を生産し、それを自らが受け取るというのは、まったく意味がない。「自己搾取」は自己矛盾する概念である。人は自分自身を搾取することはできないのだ。繰り返すが、搾取は関係性を前提としており、単独で孤立した一人の中では不可能である。自己搾取の概念は、チャヤノフのアプローチの核心に反するので、さらに説得力が低い。小農経営の資本財は、マルクス主義的な意味での資本ではなく、利潤（すなわち余剰価値）も計算できない。家族の労働に対する報酬はただひとつであり、この報酬は、その性質上、ユニークで不可分なものである。

　1917年以降の状況では、「現在の市場の状況」、経営の「組織形態」、「取引の性格」は、ボリシェヴィキ政権が強いた体制の影響を強く受けていた。この政権は、ロシアの小農層を極度に搾取していたが、その一部は重工業の建設資金に充てられた。低く設定した農産物価格、収穫物のかなりの部分の接収、高額な課税などはすべて、この体制の一翼を担っていた。チャヤノフ（1966b）は、特定の経済秩序が他の秩序の上に重層化され得ることを強く意識していた。ここでは、ボリシェヴィキ体制は小農経済の上に重層化することで小農を絞り取り、「原始的蓄積」を果たしていたのだ。

　当時、さまざまな蓄積の様式について重要な議論が展開されていたが（Kay 2009）、「国家による搾取」を明示的に論じるのは危険すぎたのだろう。このようにして、国家社会主義の構築を下支えするために懸命に働くことを選択する小農層のあり方を示す言葉として「自己搾取」が使われるようになった。しかし実際には、この言葉が小農につきまとう経済的後進性のスローガンになるのに時間はかからなかった（Kautsky 1974: 124 各所）。カウツキーにとっては、小農が本当に小農でありたいと願っているとは考えも及ばないことであったし、ま

た、「小農が進歩したのは、この『自己搾取』を通してであったし、現在もそうである」（Vlaslos 1986: 158）という考えもそうであった。

●原註

1)　「正常な」供給曲線は、価格が上昇すると生産が増加し、価格が低下すると生産が減少すると予測する。しかし、価格が上昇するとアフリカの農民は生産量を減らし、価格が下落するとヨーロッパの農民は生産量を増やす、ということはよくあることだ。

2)　チャヤノフは、生産単位としての小農に言及するとき、比喩として機械（「よく働く機械」、「経済機械」）を好んで用いた。

3)　ここでは、「M」は貨幣、「C」はこの貨幣で得た商品、「M + m」は当初の貨幣量（「M」）に「m」に相当する加算額（または余剰価値）に伴って増加したものである。したがって、貨幣は商品に転換され、その後、この商品（とくに賃金労働）は、より多くの貨幣に転換される。

4)　当然のことではあるが、これは資本関係が小農経営に「浸透」する可能性を排除するものではない。筆者は第4章と第5章で、この浸透が起こるいくつかのメカニズム、その影響、理論的含意について論じる。

5)　ここでチャヤノフは文字通り（ドイツ語訳では）「*und der lohnarbeiterlosen*」、すなわち賃労働なき者と述べている。これは小農経営に相当する。

6)　ここでは、おそらくチャヤノフの説明に不具合があるだろう。彼は、小農家族が消費人口と労働人口の割合を積極的に自ら調整する（例えば、結婚を遅らせる、今日起こっているように避妊によって）可能性を論じていない。農村社会における人口バランスの経年変化を示したホフステ（Hofstee 1985）やネッティング（Netting 1993: 315）などを参照のこと。

7)　同様の関係性はあらゆるところに存在する。ヨーロッパにおける多くの農村運動（例えば、最近の牛乳ストライキ）は、「バランスが失われた」という一般化された感覚が引き金となってきた。

8)　「これらや他の概念は［…］とても珍しいので、［…］ロシアの読者との共通言語を見つけられないという大きな危険を冒すことになる」（1966: 219）。

第3章
相互に影響しあう多様なバランス

　本章で筆者が論じる多様なバランスは、一方では、チャヤノフがこれまで徹底的に論じ、また前章でも簡潔に総括した二種類のバランス［労働－消費バランスと効用－苦痛バランス：訳者補充］に関連する。他方で、チャヤノフ的アプローチとして知られる学的伝統の内側で主に展開されてきたこれら一揃いの多様なバランスを検討することは、小農的農業が今日直面しているさまざまな問題とそれが孕んでいるさまざまな可能性の両方を、私たちが首尾一貫した仕方で把握することを可能にする。この同じ一揃いの多様なバランスを検討することはまた、小農層の内部に存在するかなり大きな不均質性——それは異なる国や地域の小農層の間に見られる場合もあれば、同一の国や地域の小農層の間に見られる場合もある——の解明にも役立つだろう。以下では、これらの多様なバランスを、筆者にとって最も論理的と思える順番で提示していこう。

人間と生ける自然とのバランス

　農業は、その最も一般的な意味においては、共生産（coproduction）、すなわち社会的なものと自然的なものとの遭遇として理解されるべきだ（Toledo 1990）。その意味では農業とは、人間と生ける自然との間の継続的な相互作用とその結果としての相互変容であると解釈できるだろう。人類は自然を利用し、またそうすることで自然を変形する。だが、（特定の仕方で）自然を利用すると、社会それ自体にもある種の刻印が押されることになる。自然の変形には特定の制度が必要とされるからだ。したがって、共生産を通じて一方的に自然的なものが形作られたり作り直されたりするのではなく、それと同じくらいに社会的なものも形作られたり作り直されたりするのである。この点を見事に表現しているのが、かつて、ワイン生産者でありかつ協同組合の指導者でもあった一人のフ

ランス人に対して、筆者がなぜあなたは自分のことを「小農」と呼ぶのかと尋
ねたときの彼の答えである。彼は、「私は小農だ。なぜなら土地から生きる糧
を得ているから」と答えたのだ。この答えは、少し表現を変えると、「共生産
が自分を小農にするのだ」と読むこともできる[1]。

　「人間」と「生ける自然」とは相異なる実在である。それにもかかわらず両
者は農業という実践の中で結びついている。そもそも農業という営みには、い
くつかの目標を同時に満たすように、ある適正な均衡を確立することが求めら
れる。農業は（「土地から生きる糧を得ること」を可能にするような）十分な生産量
を供給しなければならない。だが同時に、農業には自然を再生産すること、そ
れもできれば現状よりもさらに豊かで良質な、より多様性に富んだ自然へと
再生産することも求められる。また、自然を利用して変形するには、当然のこ
とながら、人間の側には多様性・不確実性・予測困難性に対応する能力が備
わっていなければならない。共生産に従事する者には、次から次へと展開し
ていく種々のサイクル（作物の生育サイクルや、子牛が成長して未経産牛になり、さ
らに成長して乳牛になるといったサイクル）に対応することはもちろん、逆に自分
の観察結果をそうしたサイクルに反映させることで、それらをさまざまな仕方
で（ときには小規模に、ときには大規模に）調整することも求められる。それゆえ、
その労働過程は、肉体労働と精神労働とが緻密に織り合わされた、職人技の
ような仕方で組織されることになる。この点からすると、外部から命令を下す
指令センターのような存在は有害な影響しか及ぼさないだろう（Sennett 2008）。
農業は、時と場所の特殊性に合わせて調整されなければならないからだ。『社
会農学』の中で、チャヤノフは「青写真を手に持って働くことなど不可能だ」
と書いている（1924: 12）。こうしたことのすべては、小農経営が組織モデルと
してふさわしいことを示している。小農経営こそが共生産を運営するのに最も
適した制度にほかならない。共生産は標準化や徹底した定量化、そして厳密な
計画立案を排除する。その結果、共生産に必要なのは小農経営だということに
なる。なぜなら小農経営は、バランスのとれた共生産の発展を、小農が持つ解
放への熱望に結びつけるからである。小農経営というミクロなレベルでこれが
実現されているのは、そこにおいては共生産の展開と小農家族の労働所得の上
昇との間に直接的なつながりがしっかりと確立されているからである。

　共生産が重要性を持つのは、それが一連の広範囲に及ぶ影響を伴うからであ
る。第一に共生産が含意しているのは、農業の発展とは、自然と経済を支配す

ると考えられている不変の諸法則が多かれ少なかれ完璧に展開されることではない、という点である。農業の発展とはむしろ、それぞれが独自の規則性と可能性を備えた布置を次から次へと生み出すような、人間と自然の間の継続的な相互作用と相互変容の結果なのだ（本書第 5 章を参照のこと）。共生産は、自然が今以上に豊かなものになり得るということや、新しい可能性が出現するかもしれないということを含意している。特定の形式の共生産を通じて風景は形作られ、また作り変えられる（Gerritsen 2002）。つまり、動物も、植物も、沼地も、森林も、丘も、小川も形を変えるのだ。そして、それら変形したさまざまな要素が再び結びつけられるとき、そこに新しい生産の可能性が生まれるのである。

　第二に、例えば畑や牛、「地方の自然」[2]といった自然資源[3]が有する順応性（より一般的に言うと変形可能性）のおかげで、農業の内発的発展が可能となる。第 5 章でより詳細に論じるつもりだが、成長と発展は「内側から」生み出され得るのである。

　第三に、共生産（および内発的発展の可能性）は技能にスポットライトを当てる。ここでいう技能とは、「大局を見る」能力、すなわち、社会的な世界と自然的な世界のそれぞれの内側に存在する多様な領域に加え、とくにこれら二つの世界の相互作用も併せて観察し、取り扱い、調整し、そして調和させる能力のことである。

　第四に、小農的農業においては人間と生ける自然との間のバランスは必然的に互酬性を伴うものになる、という点を認識しておくことが重要である（Box 3.1 を参照のこと）。

Box 3.1　人間と生ける自然との間の互酬性について

　自分の畑や牛、作物とどのようにかかわっているのかをイタリアの小農が語るときに、おそらく彼らはクラ（cura）という言葉を使うはずだ（Box 2.4 も参照のこと）。この表現は技能（craft）や職人芸（craftsmanship）と強い結びつきを持つが、同時に、その動詞形のクラーレ（curare）が世話をする（giving care）ことを指すように、「世話」（care）にも関連する。それは必然的に互酬性に関連する言葉なのだ（Sabourin 2006 を参照のこと）。世話をすることが労働の中心をなす場合にのみ、土地や家畜や作物は豊かな実りをもたらしてくれる。世話をするということは、単なる道具主義的な行動とはまったくかけ離れたものである。イタリア小農

の言説においては、世話をするという行為の前提には労働対象に対する情熱、献身、そして知識がなければならないとされている。結局のところ、自給という要件、すなわち生産過程で利用される諸資源は農家自身によって所有されていなければならないとの要件が存在するのである。経営の投入側で市場との間に緊密な依存関係を築くことは避けなければならない。なぜなら、そのような緊密な依存関係は経営の核心部に「市場の論理」を持ち込むことになるからである。そのような事態になると、世話をしながら（with cura）働くことは、完全に排除されることはないにせよ、危うくなる。世話（cura）という概念は、農民とその労働対象との間にある互酬的な関係性を規定するものであると同時に、両者の間の互酬的な関係性を反映したものでもある。この関係性は商品関係とは明確に異なる。それは贈与と返礼にかかわるものなのである。いわば、双方向に流れる贈与のことなのだ。農民は子牛を飼って世話をし、子牛に住み処を用意し、それが立派な乳牛に成長する機会を提供する。次に、おそらくは個々の乳牛の必要に合わせて念入りに調整した餌を与えるに違いない。そのお返しとして乳牛は、将来有望な子牛と、この先何年間も絶えることなく続くであろう豊かな乳の出を農民に与えることになる。これはまさに、ビクトル・トレド（Victor Toledo 1990）が言うところの、農民と生ける自然との間の非商品的な交換にほかならない。

このタイプの関係性は、世界中の多くの農業システムの根底に存在している。長年アンデス地方で調査に従事してきた人類学者のファン・ケッセル（van Kessel 1990: 78）によると、このような互酬的な関係性は、ある種の擬人化——すなわち、土地、作物、湖、泉はもちろん、光や雨、霜などの気象現象のことも、あらゆる種類の徴候を示してくれる生き物として認識し理解すること——を伴う「隠喩的な含意」を通じて強化されるという。この文脈においては、例えば「この一片の土地は（それがこれまでに受けてきた世話の一切に対して）感謝している」といった表現や、またそれゆえに「彼女（土地はほとんど例外なく女性形で表現される）は気前がよい」（つまり、お返しをすることを厭わない）と表現することは、ほとんど当たり前のことになる。同様に示唆に富んでいるのが、仮定法の使用である。アンデス地方の農民は、労働対象に向かって（あるいは労働対象について）話をするとき、直説法を用いる場合のように、あるがままの世界（つまり、機械論的な因果関係によって作られ支配されている一回限りの世界）に言及することはしない。仮定法が言及するのは、むしろ可能性であり、進化する現実であり、期待なのである。仮定法は直感を反映する。こう言ったからといって、なにもアンデス地方の小農は夢想家だなどと言っているわけではない。むしろ、その逆である。「圃場での技術運用を律する規範は献身（compromise）と理解（comprensión）、そして愛

着（*cariño*）なのだ」（van Kessel 1990: 92）。これらの概念は、先に論じたイタリア人の観念とも強く合致する。「その土地に留まりたいのなら、その土地が必要とするものを与えなければならない」というフリジア人の諺も、まさにこれと同じギブ・アンド・テイクの関係性を表している（Ploeg 2003: 94）。こうした類似は決して偶然によるものではない。それらは人間と土地との互酬的な関係性に根差したものであり、それゆえ、小農的農業が実践されているところならどこにでも現出するのである。中国の諺でいうなら、「人が一生懸命に働けば、土地は怠けない」ということになる（Arkush 1984）。

　社会的なものと自然的なものはどちらも、共生産と共進化を通じて絶えず変容していく。チャヤノフはこのことを深く認識していた。『労働の経済』という著書の第 2 部で彼は次のように指摘している。「1917 年の小農経済はもはや 1905 年のそれではない。小農経済それ自体が大きく変化したのだ。畑は違った仕方で耕され、牛は新しい方法で飼育されている。小農はより多くの収穫物を売るようになり、また以前よりもはるかに多くのものを買うようになった。地方では小農間の協力が大幅に進展し、その結果、地方の*自然*は大きく変容した。小農自身の進歩も目覚しく、彼らはいっそう文明化された」（Chayanov 1988: 136）。

　このバランス［人間と自然とのバランス：訳者補充］についてチャヤノフは詳述していない。それはまったく無理もない。なぜなら、先述したように、19 世紀末から 20 世紀初頭のロシアでは土地が不足することはほとんどなく、さらにはコミューンの土地が割り替えされたことに加えて土地の賃貸借が広範に行われていたおかげで、土地の移転がごく当たり前に見られたからである。つまり、既存の土地利用パターンをただ単純により広い面積の土地に適用するだけで増産が可能だったのである。農業を集約化する必要性はさしてなかったのだ（集約化が起こったとしても、それは主に作付構成の変化によるものだった）。他方、労働主導型の集約化の過程では諸資源は絶えず改良されていくが、こちらは、現在の進捗状況を常に吟味しながら諸資源の利用法と組み合わせの仕方を微細に調整することによって初めて可能となる。人間と生ける自然との間の相互作用が絶えず再構築されていくのはこのためなのだ。集約度がある段階から次の段階へと移行するということは、農業の営みが社会的構築物であること、さら

には社会的な取り決めも生態学的なパターンもどちらも不断に変化し続けていること——その変化は穏やかでほとんど目に見えない場合もあれば、急激な場合もある——をはっきりと示している。この点に関連していえば、両者ともオランダのみならずインドネシアでも研究に従事したフリース（Vries 1931）やティンマー（Timmer 1949）といったチャヤノフ派の学者が、ほかならぬこのバランスにかなり大きな関心を寄せていたという事実は示唆に富んでいる。ロシアではほとんど目に見えなかったことが、彼らが研究を行った場所では際立って目についたのだ。

人間と生ける自然とのバランスは、現代農業に関するいかなる分析においても最初に検討されなければならない論点である。なぜなら、農業と生態環境との間にはこれまでに多くの断絶が生じ、それらが結果として加速度的に悪化する環境危機をもたらすことになったからである。

社会的なものと自然的なものとの間に適正なバランスを達成することは、あらゆる農業の営みにおいて今なお重要な関心事であり続けている。農業が生ける自然から距離を置くこともあれば、農業それ自身が再度自然に根差すこともある。ヨゼフ・フィサー（Jozef Visser 2010）は、第二次世界大戦直後の重要なエピソードを詳細に記述している。当時は、戦争以外の目的に転用するために兵器の改造が行われていた。こうして、弾薬工場は化学肥料を製造する工場に転用された（この転用は比較的容易だった。なぜなら、弾薬も化学肥料もどちらもハーバー・ボッシュ法に基づいて製造されるからだ）。装甲車の製造ラインは、トラクターの製造に合うように調整された。これまで農業を戦争のニーズに従属させてきた抑圧的な法律の多くは、資本主義陣営と社会主義陣営のいずれの側でもそのまま残された。そして、アメリカで発展してきた「企業家的農業」——それはヨーロッパで支配的だった小農的農業とは大きく異なる——を反映した新たな指針を農業関連諸科学に提供するために使われたのが、マーシャル・プランによる復興援助であった。土壌生物学とその課題、すなわち、いつでも十分な窒素を供給できるよう土壌を生命に満ちあふれた状態に維持するという課題は、当然のことながら新たな指針からは姿を消し、土壌化学に取って代わられた。そしてついに1950年代中頃以降になると、戦時中に飛躍的に発達し

---

i) 20世紀初めにフリッツ・ハーバーとカール・ボッシュらによってドイツで開発された、鉄系触媒を用いて窒素と水素からアンモニアを合成する方法。これにより化学肥料（チッソ肥料）の大量生産が可能となった。

た兵站の「科学」が、ヨーロッパ農業のいわゆる近代化を立案・実現するために応用されるようになったのである。このキャンペーンはその後、アジアと中南米の多くの地域で緑の革命を通じて再現されることになった。

　近代化と緑の革命は、人間と生ける自然とが共生産する農業からの重大な決裂を意味した。化学肥料が土壌生物学や堆厩肥、小農の知識に取って代わり、工場で製造された濃厚飼料が採草地や放牧地、牧草や乾草に取って代わった。自然交配は姿を消し、人工授精や、さらに後になると胚移植やコンピュータによる最適雄親の選択といった技術が優位を占めるようになった。今日のたいていの園芸農業では電気照明が日光に取って代わり、鶏小屋では鶏の成長を加速するために今や１日のうちに２回の昼と夜が設けられるようになった。太陽エネルギーの重要性は薄れ、ますます化石エネルギーに取って代わられるようになった。こうしたことのすべては、自然が果たす役割の低下を指し示している。自然の残滓すらも、例えば遺伝子組み換え技術によって再構築されている現状を考慮に入れると、自然の役割低下はなおいっそう明白となる。だが、事態はさらに進行するかもしれない。例えば、アメリカの大規模な企業家的酪農業は現在、驚くべき方法で生ける自然を「再建」している。これらの大規模な「牛乳工場」のために働く獣医たちは、最初の分娩が済むと乳牛から子宮を除去してしまう。これは、ホルモン周期を標準化するための処置である。こうしないとホルモン周期は、乳牛の発情期と出産時、さらには泌乳周期の始まりと終わりに大きく変動する。こうした変動に対応するには給餌体制を頻繁に調整しなければならないのだが、それは、資本主義的農企業のように多数の家畜を画一的に管理することとは相容れない。それゆえ、そうする代わりに乳牛からは子宮が取り除かれ、子宮を除去された乳牛には引き続き乳が出るようにするために牛ソマトトロピン（BST）という成長ホルモン[ii]が頻繁に接種される。その結果、およそ1,000日間搾乳すると、その乳牛はたいていへとへとになって倒れてしまう。イタリア人でかつて筆者の同僚だったバッラリーニ（Ballarini 1983）が呼ぶところの「科学技術動物」（*animale tecnologico*）が、自然とも社会の倫理とも相容れない（したがって巧妙に隠蔽された）新たな現実となりつつある。ク

---

ii)　牛ソマトトロピンは、牛が成長するために、その体内で自動的に生成されるが、このホルモンを商業的に利用できるように、遺伝子組み換え技術によって大量に培養する技術が1980年代にアメリカで開発された。アメリカでは使用が認可されているが、日本では牛への投与を禁止している。

ローン作成や体外受精、そして食品工学も、大規模な農業・食料生産企業の要求と利益に自然が隷従していることを示す別の例といえる。

　以上のような動きが生じているのと同様に、多くの対抗運動も生まれている[4]。例えば有機農業、「低外部投入型農業」（Adey 2007）、節約農業という方法（Ploeg 2000; Kinsella et al. 2002; Domínguez García 2007; Paredes 2010）、そして無数のアグロエコロジカルな運動（Rosset and Martínez-Torres 2012）を挙げることができる。こうした運動はいずれも、現状を全面的に再編して共生産に回帰することを提唱している。このような取り組みでは、例外なく、生ける自然は再び中心的で、かつ人間とともに指令を下す共同指揮官のような役割を演じることになる。つまり、こうした対抗運動は現在の農業をより小農的なものへと変えるのに一役買っているのだ。また同時にそれらは、現在の農学の大部分をチャヤノフの提唱した「社会農学」へと転換することも促しているのである。

生産と再生産のバランス

　農業は、自然界から一方的に生産物を抽出するプロセスではない（とはいえ、不利な状況下では農業がそうした方向に押し流されることもあるだろうが）。農業とは本来、生産と再生産の両方を伴うものである。農業は、自身が利用する諸資源を絶えず再生産し続けることで成り立っている。ここでいう再生産とは、ただ単に前項で検討した「生ける自然」の再生産だけを指しているのではなく、農業がスムーズに機能するために必要なあらゆる資源とあらゆる要素の再生産を意味している。チャヤノフはしばしば再生産のことを「資本の再生」と呼び、次のような指摘をしている（Chayanov 1966: 120）。「明白なことは、小農経営農場を営む家族には、……エネルギーの使用を最小限に抑えながら資本の再生を図ることで、最終的には自分たちの必要を最大限満足させるとともに農場経営をさらに安定化させようとする傾向がある、ということである」と。

　生産と再生産のバランスの歴史的展開過程については、アン・ラクロワ（Anne Lacroix 1981）が広範に論じている。それによると、最初の段階では諸資源を再生するために周囲の生態系が利用される。焼畑農業がその典型例である。使い尽くされて痩せた畑は放棄され、新しい畑が自然から採取される[5]。労働対象と農具（後述の Box 5.1 を参照のこと）は周囲の生態系に由来し、利用可能な働き手には周囲の生態系の利用法に関する知識が備わっている。

　第二の歴史的段階では、再生産の舞台は農場そのものに移る。農場が農業の不可欠な部分となるのだ。畑には積極的に肥料が投与され、作物の品種選択や牛の品種改良が盛んに行われるようになる。そして、そのようにして新たに作り上げられた畑や家畜、作物は、小農の相対的自律性──これがあって初めて小農はその土地固有の生態系によって規定された諸々の（しばしば厳しい）制約を乗り越えることができる──の誇り高いシンボルとなる。

　第三の段階、つまり現段階になると、再生産の舞台は再び農場から外部に移転された。再生産は今や農場外の農業関連産業に任されており、この産業は労働対象や農具、さらには働き手が従うべきマニュアルまでもどんどんと生産・配送するようになっている（Benvenuti 1982; Benvenuti et al. 1988）。こうした新しい布置においては、第二段階のときとは異なり、労働対象と農具とに「規則」（code）を組み込むのはもはや小農コミュニティではない。今や、ある特定の、そして多くの場合、科学的に設計された規則を農場で必要とされるさまざまな人工物に組み込んでいるのは農業関連産業である。これら二つの規則の間には相当大きな違いが生じ得る。フリジア人の農民が自分たちの乳牛に組み込んでいた規則には、農場で生産される粗飼料（生草、乾草、サイレージ）が持つ牛の飼料としての重要性が含まれていた。これとは正反対に、牛の精液に加えて、最近では牛の胚の取引までも支配している有力な育種機関の主要な「人工物」であるホルスタイン種に組み込まれている規則は、典型的には、工場で製造された濃厚飼料の重要性を反映したものになっている。このようにして、依存が生得的性質として組み込まれていくのである。

　生産と再生産のバランスは崩れやすい。不均衡は外的要因によって誘発されることもあるが、その危険が内側から生じることもある。後者が最も起こりやすいのは、小農が短期的な利益を追求しているときである。20世紀後半にフリジア人の酪農に起こったのが、まさにこれであった。当時はバターの価格がとても高かったので、フリジア人の小農たちはバター用の牛乳をできる限り大量に得るために、牧草地のすべてを授乳期の乳牛向けに振り向けるようになった。その結果、子牛と未経産牛は農場の周縁部にある、バイオマスの量も質も低い湿地に追いやられ、ほとんど世話もされずに放置されるようになった。要するに、再生産は疎かにされ、生産が優先されたのだ。その結果は20年も経たないうちに明白になった。その品種の特性がすっかり損なわれてしまったのである。体格はずっと小さくなり、乳量も大きく減少した。この辛い経験は

「良い農民は商人ではない」（すなわち、良質な資源基盤を築き上げて、それを再生産することこそが、常に何よりも優先されねばならない）という教訓となって、フリジア人の酪農家たちの集合的記憶を構成する重要な要素となった。

　だが、より一般的には、外からの圧力と内からの要求とが組み合わさった結果、生産と再生産の間に不均衡が発生することの方が多い。最近の例としては、最初はセネガルの低地カザマンス地方において、次いでギニアビサウにおいて、あの見事だった熱帯干拓地水田（Box 2.1 を参照のこと）が衰退してしまったことが挙げられる。米価の下落（とりわけその原因は安価な輸入米、きわめてバランスを欠いた政府の支援策、そして計算外の環境コストにあった）によって、稲作農業の潜在所得は大きく減少した。そしてこのことが、都市（さらには国境を越えた移住）が放つ諸々の誘惑ともあいまって、多くの若者の離村を招くことになった。その結果、（通常は乾季に行われる）干拓地水田の保守管理活動はほぼ完全に停止してしまった。これが単位面積当たり収量と生産量の低下を招き、事態はついに、かつては高い生産性を誇った干拓地水田（*bolanhas*）の完全放棄にまで至ろうとしている。また、外的要因が支配的だった例もあり、とりわけ中南米にはそうした例が見られる。その一例として、農業銀行（*bancos agrarios*）の融資方針が挙げられる。農業銀行は生産的な活動には信用貸しを実施しようとしたが（とはいえ、たいていの場合は十分な額とはいかないが）、再生産的な活動（例えば柵の保守）に対しては「非生産的」だとの理由でいかなる支援も控えた。確かにこうした考えにも一理あるが、それは極端に近視眼的な見方であり、そこには生産と再生産のバランスを維持することの重要性に対する理解がほとんど見られない。

内部資源と外部資源のバランス

　どんな農場も、それがどのような場所にあるにせよ、経営それ自体の内部で生産・再生産される資源（内部資源）に加えて、外部資源を必要とする。外部資源なしに機能する経営など想像もつかない。だが、資源の性質と出所、そしてとりわけ資源の獲得方法とその方法の影響、これらすべてがはるかに広範囲の影響を及ぼし得ることに留意すべきである。

　多くの資源では、内的なものと外的なものはかなりの程度、交換可能である。乳牛は農場で再生産される（厳選された子牛が若い雌牛へと育成され、その雌牛が

初産後、より高齢の乳牛に取って代わる）場合もあるし、家畜市場で購入される場合もある。経営が種牛を所有する（おそらくは隣人との共同所有）こともあれば、必要な精液を人工授精所から購入することもある。

　乳牛について言えることは、飼料にも当てはまる。乾草、生草、サイレージ、さらにはこれらの飼料に添加する高タンパク作物が農場で生産される場合もあるし、粗飼料と濃厚飼料が市場で調達されることもある。肥料も購入される場合と自家生産される場合の両方がある（自家生産される肥料の例には「育ちの良い」(well-bred) 肥料や、クローバーやアルファルファを用いた窒素固定などが含まれる）。労働についても、市場を通じて動員されることもあれば、家族および（もしくは）地域共同体から提供されることもある。また「資本」も（資本形成によって、あるいは貯蓄という形で）経営内で生み出されることもあれば、資本市場で入手されることもある。同じことは、ある程度、機械にも当てはまる。機械は、市場の影響を対照的な方法で伝達する二つのメカニズムを通じて入手される（Box 2.2 を参照のこと）。20 世紀の間に「作るか買うか」は、新制度派経済学の誕生を促す中心的な問いとなった。小農的農業とは、新制度派経済学のほとんど完璧な教科書のような実例であるともいえよう（Saccomandi 1998; Ventura 2001; Milone 2004)[6]。というのも、小農的農業においては内部資源と外部資源のバランスは、もっぱら「作るか」「買うか」の二者択一にかかっているからである。

　図表 3.1 は、内部資源と外部資源の技術的な交換可能性について総合的に説明したものである。この図はまた、関連するさまざまな流れも示している (Georgescu-Roegen 1982; Dannequin and Diemer 2000)。図表 3.1 は第一に、農業がひとつの変換過程であること、すなわち、資源が有用な生産物に変換される過程であることを示している。この変換過程は二種類の資源動員に基づいている。経営内で生産・再生産される資源もあれば、市場を通じて調達される資源もある。次に、生産過程が三つの流れを生み出している。すなわち、市場で売買される市場向けの余剰、経営内で再利用される部分、そして（その量はまるで一定しないが）不可避的に生み出される損失物や排出物の三つである。さらに付け加えるなら、市場で売られる生産物と経営内で再利用される生産物とが一体的かつ同時に生み出されるのは、生ける自然の物質性によるところもある。つまり、ジャガイモを生産するときには種イモがあるはずだし、牛乳を生産するときには子牛がいるはず（乳牛の子宮が除去されていなければだが）。だがもちろ

図表 3.1　農業に含まれる投入と産出の流れ

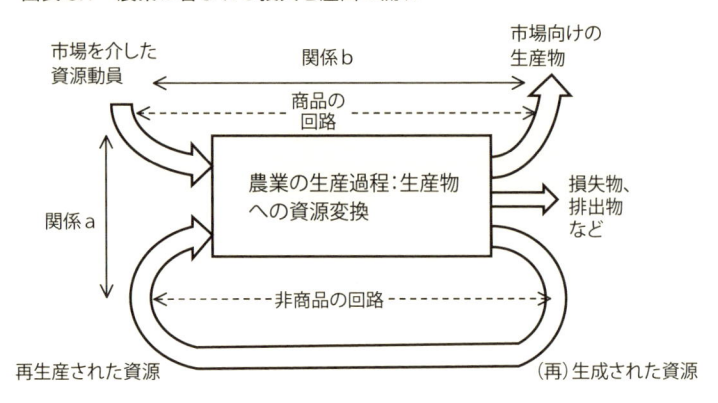

　ん、ジャガイモの種イモは困ったときには食料にもなるし（あるいは、購入された「改良品種」の種イモが既存のものに取って代わることもあるかもしれない）、新しい品種の未経産牛を購入するために子牛が後になって売られることもある。ここで重要な点は、さまざまな選択を可能にするような工夫の余地が残されているということである。図表 3.1 中の左上の流れが左下の流れ（必要な資源の自給）よりも優勢になると、商品関係が農業過程の核心部にまで入り込むようになる。その結果、経営は市場に依存せざるを得なくなり（とくに川上では市場依存度が高くなる）、企業家的な経営として構築されることになる。だが反対に、資源獲得手段として下側の流れの方が優勢な場合は、相対的な自律性が生まれ、農業は小農的農業として構築されやすい。小農的農業においては、市場は（川下にある）流出口にすぎないが、他方、企業家的農業や農企業は市場の秩序を受け入れるため、どうしても市場の論理に従わざるを得ない。

　外部資源の利用はさまざまな機会をもたらすが、その一方で非常に歪んだ結果を招くことも多々ある。このことは、内部資源と外部資源の間には明確で、かつしっかりと考え抜かれた均衡を何度も繰り返し確定・構築する必要があることを意味している。外部資源に依存することで、農家の労働苦痛はかなり軽減される。だが川上市場に大きく依存すると、経営が市場に飲み込まれてしまう恐れもある。適正なバランス[7]を見定めることはまた、相対的自律性の創出、すなわち、農家が自らの利益と将来の見通しに適した農業の仕方を自分自身で選択できる状況の創出にも役立つ（次節を参照のこと）。

　この相対的な自律性（あるいはその逆の市場依存性）は、もしかすると「商品

化の程度」として測定できるかもしれない。この問いにアプローチする仕方はさまざまである。図表3.1 は、二つの方法の可能性を示している。すなわち、投入資財の自給度を示す「関係a」と市場への販売率を示す「関係b」である。後者（これはチャヤノフが定義するところの労働所得に相当する）は、オランダの農業史においては一貫して小農自身によって「クリーンな部分」[iii]として使われてきた（Ploeg 2003）。これは、ほとんど普遍的な尺度のように思える。というのも、21世紀の中国の小農もまた、表現は異なるものの、これと同一の概念を用いて計算しているからである（Yong and Ploeg 2009）。

　チャヤノフは、商品化の程度に戦略的な重要性を置いている。「経営の組織化プランには多種多様なものがあるが、なかでも経営構造の全体的性格を決定づける最も基本的なものは、経営と市場の結びつきをどの程度にするのか、言い換えると、経営内で商品生産をどの程度行うのかを決めることである」（Chayanov 1966: 120-1）。彼は分析対象を小農経営の産出側に限定していた。例えば、生産物の大半を市場で販売する経営もあれば、生産物の大半を自家消費用とした上で、ごく少量だけを商品化する経営もある（Chayanov 1966: 121-2 の脚注）。個々の経営の投入（すなわち川上）側にもさまざまな度合いで市場依存は認められるが、チャヤノフ（ibid.: 258-263）がその点を扱うことはなかった。とはいえ、20世紀初頭に形成され始めた、工業と商業と銀行業から成る広範囲の回路に農業が徐々に従属しつつあった状況については、彼もよく理解していた。

　チャヤノフ派の研究においては、前章で指摘したように、労働所得は小農的農業の主たる所得源とされている。だがこれまで見てきたように、それは事実上「唯一可能な所得形態」なのだ。ここで重要な点として指摘しておきたいのは、この労働生産物が異なる二組の取引によって定義されていることである。一組目は経営の産出側で行われるすべての取引である。これらはまとめて総生産として定義される。だが、ここで留意すべきは、総生産（gross product）と総生産量（total production）は同一ではないという点である。なぜなら、生産量の一部が経営内で使われることもあるからである。経営内で使用される部分は、図表3.1 においては再生／再生産資源の流れとして示されている。二組目は経

iii）「クリーンな部分」とは、金銭的収入（生産物販売額）から金銭的支出（投入財購入額）を差し引いた額を指す（Zhao and Ploeg 2014, Ploeg 2016）。小農がこの所得を「クリーン」と考えるのは、それが自分と家族だけが使えるもので、自給食料と同じく、他者には手を出せないものだからである（Ploeg 2016）。

営の投入側で行われる取引であり、ここには取引にかかったすべての金銭的支出（チャヤノフの表現ではあらゆる「物的支出」）が含まれる。したがって、労働所得とは総生産からすべての金銭的支出を差し引いたもの（図表3.1では市場向け生産物から市場を介して動員された資源を差し引いたもの）なのである。

　農民は、労働生産物が満足のいくものになるようなやり方でこれら二組の取引の間のバランスをとらなければならない。そのためのひとつの方法は、外部資源の調達にかかわる出費をできる限り減らすことである。これは、外部資源に取って代わるような内部資源を創り出し、それを利用することで可能となる。アグロエコロジー的な運動が好むのはこの方法である。これは、チャヤノフが生前にすでに指摘していた長期トレンドに対抗する動きともいえる。とりわけ過去60年の間に、経営の外部資源への依存は際立って増大してきた。だが皮肉なことに、ほかならぬこの傾向（およびそれに伴うさまざまな影響）こそが、古くからの小農の知恵、すなわち、川上側の市場から自立すればするほど、川下側の市場との関係において有利な立場に立てる、という知恵を復活させたのである。こうして私たちの眼前では、現在も進行中の商品化という過程と並んで、（相対的な）脱商品化という過程がますます展開されるようになってきたのである。

自律と依存のバランス

　自律と依存のバランスが及ぼす影響を評価するにあたっては、「富の生産と分配を取り囲んでいる社会的諸制度」（Little 1989: 118）を考慮に入れる必要がある。農家経済が「社会関係と主体的な意思決定とをひとつに統合したシステム」（ibid.: 117）であることは疑いない。だが同時に農家経済は、それ自体が埋め込まれている市場との依存関係を通じて余剰の抽出圧力のもとにある。リトル（Little 1989: 118 各所）が説得的に主張しているように、この点との関連において初めて、「階級関係と既存の余剰抽出システムの詳細」とが分析対象として登場してくるのである。リトルは自分の論点を明示するために、余剰抽出という枠組みを伝統的な中国農村経済の分析に適用したビクター・リピット（Victor Lippit 1987）を参照している。リピットは、中国の伝統的な農業経済が相当量の余剰を有していたこと、さらには農村エリートがこの余剰を小農や職人から効果的に抽出していたことを論証している。「抽出のメカニズムには

地代、利子、課税、腐敗した税慣行などさまざまあったが、効果はどれも同じだった。つまり、農村総生産の 25〜30％ 程度が実際の生産者から少数のエリート階級に移転されたのである」(Lippit 1987: 120)。こうした状況は延々と続く不況を生み出した。小農には投資によって農業を発展させるという手段はなく、農村エリートは抽出した余剰を奢侈的消費に費やしていた。それゆえ、リトルが結論づけたように、「余剰抽出モデルは……、生産的な経済活動によって生み出された余剰の一部をエリート階級の多様な構成分子が収奪することを可能にしているその仕組み自体について考察するよう私たちを促すのである。この余剰は誰によって、どのように生み出されたのか、というようにである」(Little 1989: 118)。この点とも関連するが、農業発展の方向性は「階級システムが階級政党に授けたインセンティヴや機会、権限によって大きく左右される。そして、階級システムに発展の論理を押しつけているのは階級関係なのだ」(ibid.)。この点から見て、チャヤノフ的アプローチが階級分析を排除していないことは明白である（ときにはそのように思われていることがある）。生産単位としての小農の活動をそれらが置かれている文脈の中で分析しようとするやいなや、（階級分析を含む）政治経済学的分析が登場する。同じことは、分析がマクロレベルから始まる場合、例えば、ある特定の政治経済的編成が農村発展にどのような影響を及ぼしているのかを問う場合にも起こる。ただし、そうした分析には小農に対するチャヤノフ的な理解が含まれていなければならない。なぜなら、その特定の政治経済的編成の影響を仲介するのは実際の生産者にほかならず、彼らは支配的な制限要因に照らして生産単位の内部における諸々の重要なバランスを評価しようとするからである。

　等式の両辺［自律と依存の両方：訳者補充］を考慮に入れるなら、小農が置かれている状態とは、依存と剝奪を強いてくる状況にあって自律と所得増大を求めて闘っている状態と定義できるだろう。依存と剝奪を強いてくるその状況については、余剰抽出モデルで分析できる。他方、そうした状況に対応して小農が取る行動については、チャヤノフ的アプローチを用いると最もよく理解できる。ただし、具体的な分析においては、一方のアプローチが他方のアプローチを前提とすることもあれば、その逆もまたあり得る。

　この点については、「農民の自由」という概念を一躍注目の的にした農業史家スルッヘル・ファン・バート（Slicher van Bath）の先駆的な著作が見事に例証している。この概念は二つの構成要素から成り立っている。すなわち、「〜か

らの自由」と「〜への自由」の二つである。前者を明らかにできるのは政治経済学的研究であり、後者について詳細に記述できるのはチャヤノフ派流の研究である。「かなりの出費と債務の重圧にさらされていたため、［かつての小農は：筆者補充］行動を制限されていた」（Slicher van Bath 1978: 72）。彼らは多様な依存関係とそれに伴う諸々の徴税や費用負担、課税などから自由ではなかった。つまり、「クリーンな部分」（前述）はわずかしかなく、そのことが、自分自身の利益と見通しに即して経営を発展させる自由を減じていたのである。「〜からの自由」が小さければ小さいほど、「〜する自由」もそれだけ制限される。スルッヘル・ファン・バート（ibid.: 80）によると、この二重の自由は「さまざまな要因によって決定されるが、それらさまざまな要因は歴史的状況の産物なのだ」という。同時に彼は、「自由がじっと静止している場所などどこにも存在せず、どこにあっても自由は歴史の進化と逸脱の影響下にある」ことを示している。

　同様にエルンスト・ラングターラー（Ernst Langthaler）は、1930 年から 1990 年までの時期を対象にオーストリア農業に関する広範な研究を行った結果、次のような結論を得るに至った。すなわち、「要素市場と製品市場への従属が支配的になればなるほど、資本蓄積とプロレタリアート化への階級分解が進行する。その逆もまたしかりである。つまり、経営の自己資源基盤が強化されればされるほど、自分たちの生活世界を支配している政治経済システムが押しつけてくるさまざまな不利な条件に対して、農家の成員はそれだけ巧みに立ち向かうことができるようになる」（Langthaler 2012: 400）のである。さらに彼は次のように付け加えている。「官僚主義的かつ資本主義的な環境にあっては、柔軟な家族農業システムは"おきあがりこぼし"（Stehaufmännchen）［ひっくり返されても常にまっすぐに起き上がる人形］のようなものである。たとえて言うなら、*家族経営はぐらぐらとよろめきはするが、決して倒れないのである*」（ibid.：傍点箇所は原文が斜字体）。それらは、必要とされる均衡を何度も何度も達成するために、さまざまなバランスを繰り返し（再）調整し続けるのである。

規模と集約度のバランス（および農法の出現）

　具体的な経営組織においては、念入りに評価しなければならないバランスがもうひとつある。規模と集約度とのバランスである。規模とは、労働力単位当たりの労働対象（土地や家畜など）の数を指す。一方、集約度とは、労働対象当

たりの生産量を意味する（さらに詳しい議論は Box 5.1 を参照のこと）。速水とラタン（Hayami and Ruttan 1985）は、ある国際比較の著書において、農業における所得増大には二つの対照的な方法が存在すると論じている。すなわち、集約化と規模拡大である（とはいえ、言うまでもないことだが、この二つの間にはあらゆる種類の結合も、あらゆる種類の中間的形態もあり得る）。

　ここで、共生産という概念にいったん立ち返ることが重要である。この概念は何よりもまず、農業の変幻自在性を含意している。農業は、さまざまに異なる対照的な仕方でも組織できるのだ。この点が重要なのは、この変幻自在性のおかげで、農家家族の必要、利益、見通しに合わせて「経営の組織プラン」（Chayanov 1966: 118-94）を設定することが可能になるからである。そしてこの「設定」は、さまざまなバランスを調節することを通じて行われるのである。

　集約度と規模は、さまざまな立場、すなわちさまざまな農法を識別できるようなひとつの二次元空間を定義している（図表 3.2 を参照のこと）。似たような生態学的・経済的・制度的条件を備えた地域では、ほとんどいつでも、一連のさまざまな農法（あるいは、チャヤノフの言いまわしをまねるなら、さまざまに異なる調整を施された機械）をみることができる。以下に、そのうちのいくつかを概説

図表 3.2　農法の諸形態

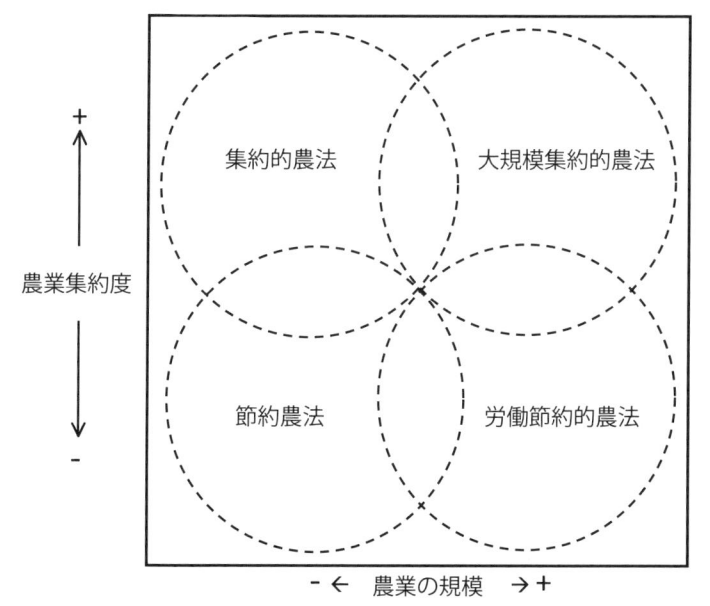

しよう。

　節約農法は、比較的小さな規模と比較的低い集約度によって特徴づけられる。速水とラタンのモデルによると、この農法が含意するのは貧困である。だが、必ずしもそうとは限らない。むしろ、コスト削減に基づくこの農法は、速水とラタンのモデルからは理論的に漏れ落ちた点、すなわち、彼らのモデルが費用を含んでいないことに光を当てる。この農法では、共生産を優先しつつ外部資源への出費を最小化するような仕方でバランスの設定が行われる。これにより依存は低減し、自律は高まる。それと同時に、（成長にかかわる）金銭的費用は極小化される。こうして、総費用は小さくなり、労働所得は高くなるのだ（例えば牛乳 100 kg 当たりの労働所得というように相対的に表示した場合でも高くなるのである）。この農法は、危機的条件下ではきわめて高い順応力を発揮することになる。

　集約的農法の主眼は単位面積当たりの高い収量にある（ここでは「良い乳牛」が典型的なシンボルとなる）。他方、労働節約的な農法の農業（この場合は「強力なトラクター」が最も雄弁なシンボルとなる）の目標は、できる限り多数の労働対象を持ちつつ労働投入量を極力少なくすることにある。これら二つの農法は、これまで激しく議論されてきた、農場の規模と生産性との「反比例関係」という主題を最もよく表している。この反比例関係は、確かにかつては支配的な相互関係であった。だがそうした関係性は、今なお認められるものの、もはや唯一無二の関係性ではなくなった。節約農法に加えて、大規模集約的農法という別の農法も出現したからである。この農法は、農業政策とテクノロジーの発展を一方に置き、農業企業家たちの戦略を他方に置く二者の共同構築物といえる。ここでは、テクノロジーは［間仕切りで小さく区切られた：訳者補充］キュービクル式の厩舎、ホルスタイン種の牛、窒素感受性の高い牧草品種、濃厚飼料といった科学的に作り上げられた新しい人工物として登場する。そして、これらの新たな人工物が一体となることによって初めて、農業の規模拡大にも効果を発揮するような、テクノロジー主導型の集約化が可能となるのである（第 5 章を参照のこと）。また農業政策は、（例えば投資に対する補助金の支給や空間の再編成といった手段を通じて）大農場の創設を奨励したり、欧州連合の初期の共通農業政策（CAP）がそうであったように、安定した価格設定を通じて長期的な安全を用意したりすることによって、影響力を及ぼすのである。他方、この過程における農業企業家の役割は、他の農民から資源を奪うことで農業を発展させよ

うと試みることにある。

『社会農学』においてチャヤノフ（Chayanov 1924: 2）は、農業内部に不均質性が発生する原因となっている諸過程のいくつかについて詳述している。

> 実際の生産者の個性、彼の創造的エネルギー、経営の特殊性、圃場の質は、個々の経営が常に平均的な型から逸脱していくということを意味している。好奇心と斬新な解決策を求める探究心は、すべての農民を特徴づける。それゆえ、農民はすべて、ある種の運動状態にある。実験と調査、そして創造的試みが広く行きわたっているおかげで、彼らはいつまでも変化し続けるのである。

　活発に創出される不均質性（ここでは多様な農法と要約しておく）は、農業が埋め込まれている文脈に生じる数々の変化と絶えず影響し合っている。こうした変化は、異なる農法を営む経営には異なる影響を及ぼす。淘汰が起こるのは、このためである。農法の中には、環境の変化に向き合い対応するための自己調節がうまくできるものもあれば、それができずに周縁に追いやられてしまうものもある。その結果、「農村発展メカニズムの大きな特性である」変異と淘汰が進行する。「そこには集合的意思も存在しなければ、支配的な意識も司令官も計画も存在しない」（ibid.: 3-4）。とはいえ、変異と淘汰の重要性は、最適な農法の探求を支援したり強化したりすることの重要性を排除するものではなく、チャヤノフは、それは、農業の社会的側面を考慮に入れた慎重な検討を重ねることで達成されると考えた。むしろこの点こそが、チャヤノフが提唱した社会農学の眼目といえる。ありとあらゆる中間的位置づけや混合形態を創造的に構築することも含め、最適な農法の探求は、今なお重要である。「長期持続」（*longue durée*）[iv]に関する印象的な研究の中でラングターラー（Langthaler 2012: 402）が結論づけているように、「大戦後の組織化された資本主義という困難な環境下において家族農業システムのレジリエンス（回復力、適応力）を高めているのは、家族農業システムが有している雑種性にほかならない」のである。

---

iv）　ブローデルなど、アナール学派でよく使用される "*longue durée*" は「長期持続」という和訳が定着しているので、そのまま採用した。

逆境での前進を求める闘い

今日の世界における労働−消費バランスは、チャヤノフが記述したそれとはすっかり姿を変えている。20世紀の最初の20年間、ロシアの小農にとって、労働−消費バランスを示す等式の消費側の辺は結局のところ、（もっぱらとはいえないまでも）主として食料や衣料などの消費によって占められていた（例えば、Chayanov 1966: 122 の表4-2を参照のこと）。その一方で、当時は経営における投入財の自給はごく当たり前に行われていた。これらは自明の特徴であったが、当時は不足した財やサービスは社会的に規定された交換を通じて入手されることが多かったため、なおさらそうだった。経営は市場に向けて生産したが、それが可能だったのは、最も差し迫ったニーズが自家消費と投入財自給によって満たされていたからである。

今日の消費には、経営内では自給できない多くの要素が含まれている。例えば教育、電気、移動（少なくとも、ある一定の範囲を超えた移動）、通信、贅沢品などがそれにあたる。「応えねばならない顧客の要求」（ibid.: 128）は大きく変化した。同様に今日の経営は、経営内ではどうあっても生産できないさまざまな品目（トラクター、エネルギー、ポンプなど）を必要とする。「仕事機械」は大きな変化を遂げたのだ。加えて言うならば、今日の労働−消費バランスを分析するにあたっては、従来よりもはるかに広い範囲の市場を考慮に入れる必要があることを、こうした変化は意味している。労働と消費との直接的関係が縮小していく一方で、今や両者の間接的関係（これは数個の市場取引の組み合わせを最初から前提としている）の重要性は増大している。現在、労働−消費バランスを評価しようとすれば、多数の市場とそれら市場間の相互関係、さらには市場内部の主たる傾向に関する予想について熟考することがどうしても必要となる。家族と経営のニーズは、さまざまな、だが相互に依存し合う一群の複雑に絡み合った市場に合わせなければならない。その作業は順応と抵抗の両方を包含するような、ある種の弁証法的な方法で行われる必要がある。

こうしたさまざまな市場が一緒になって、いわゆる農業の搾取と名づけられてきたことを強いるようなひとつの布置が構成されている。つまり、川上の諸市場が絶えず価格の引き上げ（それは当然のことながら費用の増大につながる）を押しつけてくる一方、川下の諸市場は価格の引き下げ、ないしは維持を提示し

てくる傾向にある。その結果、価格と費用の間の利用可能な余地は圧迫され、労働所得は減少する。次に、これらさまざまな市場は近年ますます世界市場化しつつある（それゆえローカルレベル、地方レベル、そして／または国レベルでの需給関係がますます反映されなくなっている）。たとえすべての農産物の中で物理的に国境を越えるものはわずか 16% 程度にすぎないとしても、食の帝国（food empires）——すなわち食料の生産、加工、流通ならびに消費に対する支配をますます強めつつある拡大ネットワーク（Ploeg 2008）——の存在感と動きからは、同じ一揃いの基準、制限要因、手順が地球規模で一律に適用されていること、したがって国際的な取引や輸送の対象ではない農産物までもがすべてそれらの影響を受けていることがうかがわれる。食の帝国の経営メカニズムとして重要なもののひとつに、農業生産をどんどん元の場所から切り離して、労働力や土地や水や環境空間が安く手に入り、かつ政治的な支援が得られる、あるいは買えるような地域に再配置していくことがあげられる。あるいはまた、彼らは、大規模な企業型生産にうってつけの技術的・制度的諸条件を備えた地域に生産を移転しようとする。このような移転や再配置が、青天の霹靂のように突然小農的農業を襲うこともある。そうなると市場へのアクセスは失われ、地方全体が経済的に壊滅しかねない。現在の市場布置の第三の特徴は、不安定性が増している点である。このことは、部分的には上述の諸点とも関連しているが、しかし同時に将来の市場に対する憶測から派生しているところもある。最後に指摘しておきたいのは、食料と農産物の市場が今やますます一般的な経済・金融危機の影響にさらされるようになっている点である。既存の取り決めに対して再融資を実行するための信用付与はますます稀になり、そして（あるいは）高くつくようになる一方で、多数の消費者たちの購買力はひどく損なわれている。

　以上のことすべてが含意しているのは、現在の小農経営は敵対的で不利な状況下での操業を余儀なくされているということである。市場は、程度の差こそあれ、たいていの、あるいはほぼすべての経営の継続性を脅かしている。こうした事態は雇用水準や所得、そして将来への見通しを危機にさらすだけでなく、これまで何世代にもわたって築き上げてきた世襲財産の破滅をも招きかねない。要するに、今はまだそうなっていないとしても、市場によって絶望と悲惨と飢えがもたらされるおそれがあるのだ。

　先に指摘したように、世界の 14 億の人びとは 1 日当たり 1.25 米ドルにも

満たない所得で暮らしている（IFAD 2010）。彼らは極貧の中を生きているのだ。その大半（70％）は農村部で暮らす。つまり、10億人の農村貧困者が存在していることになる。彼らのほとんどは、生計の一部または大部分を農業に依存する。こうした極貧ラインをわずかに上回る人びとも合わせると、世界には全部で約30億の非常に貧しい人びとが存在することになる。彼らの多くは飢えに直面している。

　ヨーロッパの大部分では、大半の農民の所得は法定最低賃金レベルを下回っており、多くは破産の危機に直面している。とりわけ東ヨーロッパの状況は悲惨を極めている（Bryden 2003）。

　現在の市場布置（それは現在の帝国的フードレジームの不可避の結果である）の内側では、農業を続けようとする試みは一種の抵抗として現れる（Chayanov 1966: 267; Netting 1993: 329）。小農的農業への新規参入も抵抗のひとつの表現である。この種の抵抗に携わっているのは、ごく少数の人びとだけではない。携わっているのはマルチチュードなのだ。多数の小農が、適応、変化、新たなアプローチ、そしてオルタナティブな協力のパターンを積極的に探し求め、さらにはそれらを実践に移そうとしている。それゆえ、農業の営みを大幅に変えてしまうような多様な設計変更のプロセス（例えば多機能性の拡張および／または自律性の回復）が発生しているのである。そして、こうした設計変更のプロセスは同時に、経営同士が互いに結びつく仕方や経営がより広い文脈と結びつく仕方をも変えつつあり、そのことが結果として、オースティンディー（Oostindie 2013）が論じているように、小農のレジリエンスを新たな水準にまで高めることになった。この新たなレジリエンスの出現によって、小農には、たとえ主要な市場原理から見捨てられても引き続きこれまでと同じ場所で暮らしていくこと、さらには悲惨と貧困をまき散らそうとする外部諸力の傾向をものともせずにそこで成功することが可能になった。

　こうした抵抗、設計変更、そしてレジリエンスといった流れからは、しばしば新たなコモンズが出現する。これに当てはまるのが、ヨーロッパとブラジルと中国において新たに構築された市場サーキットである（Ploeg, Ye and Schneider 2012）。同様に、ラテンアメリカの小農コミュニティが、水利権を専有しようと目論む国家や企業と闘いながら自分たちの灌漑システムに対する支配権を取り戻していく過程でも、新しいコモンズが出現している（Boelens 2008; Vera Delgado 2011）。

　以上のような新たな反応については、第6章でさらに詳細に論じるつもりである。ここでは、次の点を指摘しておくことが重要だろう。すなわち、設計変更によって生じる新たな、そしてしばしば相互に結びついている諸々の実践は、基本的には、チャヤノフの考えに照らしながら筆者が本章全体を通じて論じてきた、農業の持っている順応性に基づいているという点である。今日の小農は、日々の闘争を通じて、自身の経営の構造を基礎づけている主要なバランスのうちのいくつかを再調整するとともに、それらを斬新な仕方で再結合する。そしてそうすることによって、新しい農法、言い換えるなら周囲の農法の仕組みやニーズとは相容れない農法の誕生と成熟が可能となるのだ。この結果、新たな隙間が生まれることになるのだが、こうした隙間の発生によって、さらなる闘争と新たな、より包括的な反応の出現が可能となるとともに、そうした闘争や反応の出現が要請されるようになる。

統合体としての小農経営

　これまで論じてきたさまざまなバランス（および紙幅の制約からここでは論じることができない他のいくつかのバランス）[8] を踏まえると、今日現に存在し機能している小農経営のひとつの統合体を提示することができる。この統合体は三つの重要な論点を浮き彫りにする。第一の論点は、今日の小農経営と過去のそれとの関係性にかかわる。両者の間には不連続と更新だけではなく連続性も認められる（前者二つは政治的・経済的文脈の急激な変化によるところもある）。第二の論点は、後でみるように、この統合モデルがグローバルサウスとグローバルノースの両方を包含している点である。世界のさまざまな地域の小農の間には何ら根源的な違いもなければ、何らかの敵対関係が初めから内在しているということもない。第三の論点は、この統合体が、非常に生産性が高くて管理も行き届いた小農経営と裕福な家族だけではなく、周縁化された小農経営と貧しい小農家族にも関連している点である。つまり、この統合体は現実のみならず現実の中に潜在している可能性にもかかわっているのだ。

　小農経営とは、農家が行う戦略的な熟慮と検討の複雑でダイナミックな帰結である。現実の小農経営は、ある特定の瞬間、ある特定の空間に現出する。したがってそれは、経営内に認められる数多くのバランスのひとつひとつに微調整を施す行為や、それら多様なバランスを巧みに調和させる行為の中に宿る農

の技が、実にさまざまな形で表出したものにほかならない。こうして、圃場や牛は作り変えられ、植物の品種は慎重に選択・改良され、労働投入量には限界が設定され、資本は形成され、知識は伸ばされ、そしてネットワークが探求される。これら多くのバランスはひとつのまとまった全体の中で結びつけられ、そのまとまった一個の全体が経営の組織プランへと転換されていくのである。

農の技とは、経営とそれを構成する多数の要素とを、慎重に、かつ戦略に基づいて組み立てることを指す。それは、経営とそれが置かれている政治経済的環境とを切り離して扱うことはしない。多くのバランスを注意深く均衡に導くという技には、政治経済的環境に由来する制限要因、機会、脅威を考慮に入れることも含まれるのだ。だが、こうした脅威、機会そして制限要因がそのまま直線的な仕方で経営の内部に移されることはない。代わりにそれらは常に農民によって媒介され、その際に農民はさまざまな起伏を考慮に入れる。またそれらは、各農家がそれぞれ独自の仕方で均衡を保っているバランスの一部をなしている。それゆえ、周囲の環境が示す一般的な傾向は、非常に多くの場合、経営ごとに異なる結果を生むことになる。農の技は、もともと不均質性の再生産と不可分に織り合わされている。結果として生まれる不均質性が農家の熟慮対象の重要部分をなすのだから、なおさらそうなる。不均質性は（どちらの実践がより高い成果をあげられるかという）論争を引き起こし、場合によっては変化を誘発する（意見が分かれた場合には、最も柔軟性の高い実践が他の実践を触発し、その結果、さらに大きな変化を導くことになるかもしれない）。

小農経営の不均質性が「いかなる単純な経験的一般化も不可能にしている」（Bernstein 2010a: 8）ということは決してない。今日の社会における小農の位置を考えると、さらには、多くの場合、より良い暮らしを求める小農の闘いが経営の創設と再創設の過程で発生している点を考え合わせると、理論的にも根拠があり、かつ経験的にも妥当性の高い小農的農業の六つの特徴について以下に詳述しても差し支えないだろう。

第一の、そしておそらく最も重要な特徴は、小農的農業の狙いが与えられた状況下でできる限り多くの付加価値（もしくは労働所得）を生み出すことにある、という点である。つまり、小農的農業とは本質的には経済成長に貢献するものなのである。だが、ここにはひとつの但し書きが付く。その貢献は目に見えなくなることがある。こうした事態が生じるのは、産み出された価値が食の帝国や国家といった第三者に横領された場合である。こうした横領（あるいは収奪）

があまりにも徹底的に行われると、農村の経済成長や資本形成、発展のペースが落ちたり、さらには小農的農業の不活発化（今日私たちが目の当たりにしている一種のインボリューション^v）が誘発されたりすることもある。

　小農が付加価値の産出と増大を重視するのは、彼らの置かれている状況、つまり、短期的・中期的・長期的な所得を独自に創出することで自分たちを取り囲む厳しい環境に立ち向かっているという状況を反映している。この点では、ララウ（Lallau 2012）とデレアージュ（Deléage 2012）が最近論じているように、小農層が近代の一部をなしていることは間違いない。小農的農業という枠組みにおいて付加価値生産が重要性を持つのは自明のことに思えるかもしれない。だが、実はこの点こそが、小農的農業をそれ以外の農業と区別する決定的に重要な特徴なのである。企業家的な農業様式は、付加価値を直接創出することと同じくらい、他の農民の資源基盤を乗っ取ることを志向する。また、資本主義的農業の関心の中心は利潤の産出にあるのであって、たとえ利潤の追求が総付加価値の減少をもたらすことになったとしても、その点は変わらない。三種類の農業が同一の条件下に置かれた場合、最大の単位面積当たり収量を実現するとともに、自己資源基盤の改善に絶えず取り組み続けることによって最も生産的な農業として現れるのは、小農的農業である。それはまた、最も永続的な農業のやり方としても浮かび上がるはずだ。以上に述べたことはすべて、世界の先進地域にも発展途上地域にも等しく当てはまる。

　明白なのは、農業が埋め込まれている環境次第で、付加される価値のレベルと、そのレベルが時間とともにどのように進展するのかが大きく左右されるということだ。とりわけ小農的農業は、その潜在力を発揮するための空間を必要とする。そうした空間がない場合は、環境と小農的農業との間に働く否定的な相互作用のせいで、小農的農業に本来備わっている、その潜在力を実現する能力は阻害されてしまう。こうしてみると、小農の闘争とは、小農的農業と社会

---

v)　クリフォード・ギアーツは、1963 年に発表した『農業のインボリューション』（邦訳『インボリューション—内に向かう発展』、池本幸生訳、NTT 出版、2001 年）において、19 世紀以降の急激な人口増加に対してジャワの水田稲作社会が示した適応のパターンを「インボリューション」と表現した。その適応パターンとは、既存の諸制度（灌漑設備や土地保有制度、分益小作制度、共同労働慣行など）を細部にわたって精緻化することで水田稲作における労働集約化を極限まで推し進め、それによって増加した人口を吸収する、というもの。インボリューションという内的複雑化の過程は、最終的には「貧困の共有」という袋小路に行き着くとされる。

全体との相互作用が多面的であることのひとつの反映といえる。

　第二の特徴は、各々の小農的生産・消費単位が利用できる資源基盤に関連する。つまり、そうした資源基盤はごく限られたものであり、しかもほとんど常に圧力に晒されているという点である (Janvry 2000)。その原因の一部は、例えば相続慣行——それはほとんどの場合、乏しい利用可能資源を、増加する一方の世帯の間で分配することを意味する——といった内的メカニズムにある。だが同時に原因の一端は、例えば気候変動および（あるいは）輸出志向型大企業による資源強奪といった資源に対する外的圧力にもある。一般に小農は、こうした圧力を相殺できるからといって、生産要素市場との間にかっちりとした継続的な依存関係を確立し、それによって自分たちの資源基盤を拡大するということはしない。そのような戦略は自律の追求という自分たちの目的に逆行するだけでなく、高い取引費用も伴うからだ。利用可能な資源の相対的不足がますます深刻化しつつあることで、技術効率を向上させることの重要性は高まっている（第5章を参照のこと）。このことは、小農的農業の場合でいえば、所与の資源だけを用いて、なおかつその資源の質を損なうことなく、最大の生産高を達成することを意味する。

　第三の特徴は、資源基盤の量的構成にかかわる。すなわち、労働力はたいていの場合、相対的に豊富に存在するが、これに対して労働対象（土地、家畜など）は相対的に不足しているという点である。このことは、第一の特徴と併せて考えると、小農的生産は労働集約的になりがちであるということ、資本形成はしばしば労働の投下によって起こるということ、そして発展への道筋は労働主導型の集約化の過程として構想されるということを含意している。

　同様に、資源基盤内部の相互関係がどのような質的特性を備えているのかも重要である。この点が指し示しているのが、第四の特徴である。すなわち、資源基盤は、対立して相容れない要素（例えば労働対資本とか肉体労働対精神労働など）に分かれているのではなく、それどころかむしろ利用可能な社会的・物質的資源とは、労働過程に直接関与している人びとによって所有・管理されている一個の有機的統一体にほかならないという点である。より政治的な言い方をすれば、それはひとつの自己調整的な単位なのである。アクター間の相互関係を律し、さらにはアクターと諸資源との関係をも規定している諸々の規則は、多くの場合、ジェンダー関係を含むローカルな文化的レパートリーから派生しているが、同時にそれらはそうした文化的レパートリーに埋め込まれてもいる。

加えて、チャヤノフ派が研究対象としてきたような諸々の内部バランスもまた、ここでは重要な役割を果たしている。

　第五の特徴（それは上述の四つの特徴と密接に織り合わされている）は、労働の重要性に関係している。すなわち、小農経営の生産性と将来の発展は、労働の量と質に決定的に左右されるという点である。この点に関連するものとしては、労働投資（棚田や段々畑、灌漑システム、建物、念入りに選択された改良牛など）の重要性、適用されるテクノロジーの性質（機械的なものとは正反対の、熟練技を志向するようなテクノロジー）、そして小農が持っている革新性などの諸点がある。

　第六の特徴として言及しなければならないのは、小農的生産単位と市場との関係の特殊性である。小農的農業は通常、相対的に自律的で、かつ歴史的に保障された再生産に基礎を置いている（と同時に、そのような再生産を進んで利用する）。そこでは、非商品の流れと回路は、商品の流れと回路と同じくらい重要である。生産の各サイクルは、先行するサイクルの中で生産・再生産された資源に基づいている（図表3.1も参照のこと）。つまり、こうした資源は非商品として、それも商品生産のためばかりではなく生産単位の再生産を促すためにも用いられる非商品として、生産の諸過程に参加しているのである[9]。

　上で詳述した六つの特徴は一体となって、小農的農業の独特の性格——それはしばしば誤解されたり、大きく曲解されたりするのだが——を形作っている。その独特の性格とは、小農的農業は付加価値と生産的雇用を追求・創出することを第一に目指す、というものである。資本主義的農業と企業家的農業においては、利潤と所得水準の増大は、労働投入量を減らすこと、および（または）他者の資源基盤を（いかなる手段を用いてでも）奪い取ることによって可能となる。対照的に小農的農業は、経営当たりの付加価値の増大を小農コミュニティ全体におけるその増大に合致させようとする。

　一般に小農コミュニティのレベルでは、どの家族がどのような資源基盤を所有しているのかはよく知られている。小農コミュニティに広く行きわたっている支配的な文化的レパートリー（あるいはモラル・エコノミー）の内側では、隣人の圃場や財産を奪い取ることは決して前進とは見なされない。なぜなら、そうした行為は小農コミュニティ全体にとってみれば、自滅行為も同然だからである。こうした理由から、個々の小農家族は、その成功のリズムと程度に違いはあっても、一様に自分たちの努力と自分たちの資源だけで懸命に前進しようとするのだ。そしてそのことは、コミュニティもしくは地方の経済というレベ

ルでの付加価値全体の増大にも寄与しているのである。他方、資本主義的かつ
／または企業家的な農業においては、個々の企業レベルでの成長は概して、よ
り高次の集合体レベルでの付加価値の総量の低迷もしくは減少にさえ結びつく。
このようなパターンは小農経済では起こり得ない。

農民層分解についての最後の注釈

ICAS が企画している本シリーズの前作[vi]では、革新的左派によってこれまで
盛んに議論されてきたもうひとつの論点、すなわち小農社会の分解もしくは階
層化という論点に対するいくつかの言及がなされた。農業における不均質性に
はさまざまな側面があるが、（どのような方法で測定されたにせよ）より小規模な
経営とより大規模な経営との間にある違い、さらには貧しい家族と豊かな家
族（これらはそれぞれ小規模経営と大規模経営とに一致すると思われがちだが、必ずし
もそうとは限らない）との間にある違いは、しばしば階層化という概念を用いて
記述される。こうしたことの前提には、小農社会は複数の異なる階層——そ
れらは分岐して（そして対照をなす階級に発展して）いく——から構成されてい
るとの見方がある。だが、たとえそうだとしても、多くの疑問が残されている。
結果として異なる階層を生み出すことになる分岐傾向のそもそもの発端は何な
のか。また、階層化が及ぼす影響とはどのようなものなのか。

ここに二つの対照的な見解がある。マルクス・レーニン主義的な見解は階級
分解に重点を置く。これと対立するのが、チャヤノフによって展開された人口
論的分化という概念である。

階級分解についての正統的な見解は、マルクスによって以下のようにはっき
りと示されている（Marx 1951: 193-4）。

> 自分自身の生産手段を用いて生産する小農は、他者の労働を搾取する小資
> 本家へとゆっくりと姿を変えるか、あるいは、自分の労働手段を失って、
> ……賃労働者へと姿を変えるかのどちらかである。これこそが、資本主義
> 的生産様式が優位を占める社会の傾向にほかならない。

---

vi) Bernstein, H., 2010, *Class Dynamics of Agrarian Change* のこと。和訳は本書に引き続いて、
刊行が予定されている。

　このような状況では、農村の住民は最終的には、資本主義的農民、彼らのために働く賃労働者、それから今のところはまだ分解を免れている小農の三者から構成されることになる。最後のカテゴリーは、さらに三つの下位カテゴリーに分類してもよいだろう。すなわち、プロレタリア化が運命づけられている「零細」小農、「真ん中で立ち往生している」「中規模」小農、そして資本主義的農民と化す日も近い「大規模」小農の三種である[10]。チャヤノフの人口論的分化というモデルは、これとは異なる見方を提供する。彼によれば、経営規模の違いは基本的には一時的なものにすぎない。なぜならそうした違いは、小農家族内の消費者／労働者比率の違いから生じているからだ。若い夫婦は小さな経営から始めるが、働き手の数に対して食べ手の数が増えると経営規模は大きくなり、それは夫婦が年老いて子供たちが独立するまで続く。そして子供が独立すると、経営は再び小さくなるのである。この主題にはさまざまなバリエーションがあるのだが、その点についてはチャヤノフ（Chayanov 1966: 242-57）が『小農経済の原理』の中で余すところなく立証している通りである。その後、フェイ・シャオ・トゥン（Fei Xiao Tung 1939）などの著者によって、この人口論的周期は四世代ないしは五世代を一周期としている可能性が高く（Yang 1945: 132 も参照のこと）、場合によっては農法のあり方にかなり重大な変化をもたらすかもしれないことが示された（Garstenauer et al. 2010）。

　チャヤノフ（Chayanov 1966: 248）は、当時のロシア農村には実は「二つの強力な潮流」、すなわち階級分解と人口論的分化（これらはしばしば複雑に織り合わされている）が存在していたことを認めており、その点で彼は現実主義的であった。こうしたチャヤノフの考えに後に同調したのがダニエル・リトル（Daniel Little）であり、彼はどちらの過程も起こり得るが、そのときどきによって一方が重視されたり、もう一方が重視されたりするのだと論じている。他方、「レーニン主義者」たちは、人口論的分化は仮に存在するとしても重要ではないと主張した。

　その後の歴史の展開を知る有利な立場から当時の議論を振り返ると、次のように言えるかもしれない。1880 年代以降、少数の例外を除くと、上述の［マルクスからの：訳者補充］引用部分に示されているのと同程度に厳格でかつ全面的な、はっきりと階級分解と断定できるような現象は世界のどの農業地域でも起こらなかった、と。むしろ、起こったのはその逆のことだった。とくに 1880 年代と 1930 年代の国際的な農業危機の時代には、資本主義的農業は多くの地

域で後退し、場所によっては完全に姿を消すことさえあった。この点につい
てアメリカのグレートプレーンズを題材に雄弁に論じ分析したのがハリエッ
ト・フリードマン（Harriet Friedmann 1980 および 1993）である。ザンデン（Zanden
1985）はヨーロッパで起こった同じ現象を詳細に記録した。また、ネッティン
グ（Netting 1993: 296 各所）はこの現象についての総合的議論を展開している。

　その一方で議論のまとは、新たな分化のメカニズム——100 年以上前に想定
されていたのとはまったく別の効果を生むメカニズム——にすでに移行して
いる。新たなメカニズムのひとつ目は、企業家的農業の出現に関係している。
このモデルが機能するのは乗っ取りを通じてであるが、そうした手法は小農的
農業では厳しく制限されるか、場合によってはタブーと見なされることさえあ
る。農業企業家（これは近代化や緑の革命とともに登場したひとつの役割モデルであ
り、アイデンティティである。Ploeg 2003 も参照のこと）は、土地、水、生産割当量、
象徴、そして市場アクセスを他者から奪い取ることによって、農企業体レベル
での量的成長のプロセスを加速させるのである（例えば、メキシコを対象にこの
プロセスについて詳細に論じたジェリッツェン（Gerritsen 2002）を参照のこと）。

　新たな分化メカニズムの二つ目は、今日とりわけ発展途上諸国において顕著
に見られる、大規模な資本主義的農企業の再出現という事態と関係している
（Schutter 2011）。こうした農企業は食の帝国と強く結びついているか、食の帝国
の一部をなしていることさえある。こうした新しい企業は、現在では土地や水
資源の収奪を通じて生まれることもあり、もはや価格面で小農部門と競合する
ことはない。彼らの「競争力」の源泉は、典型的には農産物が売買される（ほ
とんど地球規模の）経路を支配することにある。そして、そのような支配を決定
づけているのは、特権的なアクセスや認証、製品の標準化や売上高といった要
因である。要するに、それは経済外的強制に基づいた「競争力」なのだ。

　これらの新たな形式の分化は、全体として、今日の世界の小農社会にとって
きわめて重大な脅威となっている。

　●原註
　1)　これと同じことは、より一般的な言い方ではあるが、チャヤノフの以下の記述
　　にも示されている（Chayanov 1923: 5）。「農業生産を都市産業から分かつものは前
　　者が有する生物学的な性格であり、農業生産において大小の事業体が果たす役割
　　と、都市において資本主義的産業や職人集団が果たす役割とが明確に異なるのも

そのためである」。なお、序章のこの部分はソーナー（Thorner）編版では欠落して
いる。その後、マンとディッキンソン（Mann and Dickinson 1978）がこうした見方
を発展させた。

2)　これはチャヤノフがときどき使った表現である。この表現については本章の中
で再度触れる。

3)　ここには、現在見られる牛の品種や植物の品種、そしてさまざまなレベルの土
壌肥沃度といったものはすべて、社会的構築物として理解されなければならない
との意味合いがある。それらは、共進化の長く複雑な過程の結果なのである。例
えばソネフェルト（Sonneveld 2004）を参照のこと。

4)　こうした運動の持つ社会的・知的な影響力については、「開発のための農業知
識・科学・技術の国際評価」（International Assessment of Agricultural Knowledge, Science
and Technology for Development）においてはっきりと認められている（IAASTD 2009）。

5)　イタリアの農業史研究者であるセレーニ（Sereni 1980）は、この過程を「赤い雄
牛」（buoi rossi）という表現を用いて見事に記述している。「赤い雄牛」とは、森
林地を野焼きすることの喩えである。

6)　新制度派経済学の枠組みでは、「購入」は取引費用―生産品の購入価格を上回
る費用―を伴う。例えば、乾草をある一定の価格で購入するとしよう。だが、そ
の乾草がどこから来たものなのかを知らないと（ひょっとすると毒性のある農薬が強
烈に散布されたブドウ園から来たのかもしれない）、あらゆる類の危険（例えば毒性物質
に汚染された乳牛）に晒されることになる。こうしたリスクおよび／ないし生産品
やサービスの出所と質に関する情報を得るための費用を取引費用と呼ぶ。新古典
派的観点からみると、能動的に自給が確立されている状況（すなわち相対的に自立
し、かつ歴史的に保証された再生産）と、市場に大きく依存している状況との間には
なんら重大な違いはない。なぜなら、新古典派にとってその選択（作るか買うかの
選択）とは、ただ単に既存の市場価格を計算することでしかないからである。こ
れは、チャヤノフ（および制度学派経済学者）とは正反対の立場である。

7)　ここでも再び、文化的レパートリー（すなわちモラル・エコノミー）が決定的に
重要となる。とりわけ、より一般的な価値観がどれだけ効果的に市場のご都合
主義に歯止めをかけられるのかが重要となる。この点に関連してホブズボーム
は、例えば「労働習慣」のような「人間行動の根本的動機」について言及してい
る（Hobsbawm 1994: 342）。彼によると、「資本主義システムは、それが市場の働き
の上に築かれたときでさえ、資本主義のエンジンに燃料を補給する役目を果たす
個人の利益追求とは何ら本質的な関連を持たないさまざまな人間の性向に依存し
ていたのである」（ibid.）という。そうした性向に含まれるものとしては、労働習
慣を別にすると、「即時的な欲求の充足を先送りして、長期にわたって満足を得
ようとする――すなわち、将来得る報酬のために貯蓄して投資しようとする――
人間の意志、成し遂げたことに対する誇り、相互信頼の慣行、そしてそのほかの
［利潤の：原文ママ］合理的最大化には必ずしも必要ではないさまざまな心的態度」
（ibid.）がある。資本主義はこのような価値観に部分的に依存する一方で、同時に
それらを破壊すると、ホブズボームは論じている。

8)　これらに含まれるものとしては、過去と現在と未来の相互関係を規定する、短

期と長期のバランス、既知と未知のバランス、革新と保守のバランス、小農家族
と近隣の人びとやコミュニティとのバランスがある。これらのバランスに関する
豊富な情報は人類学的研究の中にみつけることができる。例えばデューレンバー
ガー（Durrenberger 1984）やロング（Long 1984）を参照のこと。

9) 上で論じたように、このパターンは市場に依存した再生産とは著しい対照をな
している。市場に依存した再生産においては、ほとんどの、もしくはすべての資
源が市場を通じて動員されるため、資源は商品として生産過程に入り込むことに
なる。そして次には、商品関係がなんと労働と生産の諸過程の核心部にまで入り
込むのである。

10) この後半の［下位カテゴリーに関する：訳者補充］部分は、1960 年から 2000 年ま
での時期に新古典派経済学によって精緻化された分類方法と酷似している。

訳注の引用文献

Yong Zhao and Jan Douwe van der Ploeg. 2014. "Telling data: The accountancy record of a Chinese
farmer," *NJAS-Wageningen Journal of Life Sciences*, 68: 21-28

Ploeg, Jan Douwe van der. 2016. "Perspectives: How peasants read their farm," *Farming Matters*, 32
(3): 36-39

第4章
より広い文脈における小農的農業の位置

　前章で筆者は、より広い、より一般的な社会関係が家族や経営の内部に反映されるように、家族や経営の内部のさまざまなバランスがそうした一般的な社会関係にも影響を及ぼすことを示した。内部バランスは典型的には直接そこにかかわるアクターによって定義・設定されるが、本章で考察するより広範なバランスの場合はそうではない。

　外部バランスが位置するのは、家族や経営の内部および／または両者の間ではなく、農業部門全体とそれが埋め込まれている社会・市場との接触面である。このような外部バランスを個々の農民が設定したり左右したりすることはできない。しかし、外部バランスが個々の経営や農家家族に大きな影響を及ぼすことはきわめて明白である。

　こうした外部バランスについてチャヤノフは明示的に考察したり理論化したりしなかったが、彼の著作には外部バランスの影響について暗に言及していると思われる箇所が含まれている（とくに 1966 年版の第6章）。例えば、小農経済は労働市場にどのような影響を及ぼすのか——この論点はずっと後にブラジルのルイス・ノーダー（Luiz Norder 2004）によって取り上げられた——については明確に言及している（Chayanov 1966: 240）。同じことは、『小農協同組合の原理』（The Theory of Peasant Co-operatives）での水平的協力対垂直的協力をめぐる議論の中でチャヤノフ（Chayanov 1991）が示しているように、小農層に影響を及ぼす国家政策についても当てはまる。そして、言うまでもなく『農民ユートピア国旅行記』（Chayanov 1976）が挙げられる。ペンネームを使って書いたこの本では、チャヤノフは他の著作以上にはっきりと自分の考えを述べることができた。この小説には「都市と農村との間の最適均衡」（Kerblay 1966: xlvii）をめぐる刺激的な議論、すなわちユートピアにはもはや大都市は存在しない、といった議論が含まれている。チャヤノフはまたこの小説の中で、農業の集約化や社

会における小農の役割について書き、ボルシェビキ支配の終焉と直接民主制の確立を（なんと 1920 年の時点で！）予言したフラッシュバックを私たちに提供してくれている。

交換関係によって媒介される都市・農村関係

　最初に取り上げる外部バランスは、経営と川下市場との間の相互関係にかかわっている。市場は、異なる時間、異なる場所では異なる働きをすることがある。中には長期にわたって価格下落傾向を示す市場もある。また、チャヤノフ（Chayanov 1966: 105）の言う「市場状況の改善」（ibid. 83 頁の図 2.4 も参照のこと）を示す市場もある。後者のような市場を指してイタリアの農民は「引っ張る市場」（*un mercato che tira*）、すなわち農民にもっと生産しようという気を起こさせる市場と呼ぶ。それは資本形成を可能にする市場ともいえる。なぜなら、そこでは農産物の受取価格が生産費用よりも高いからである。こうした状況は、明るい見通し（例えば、価格は比較的高値で安定するだろうとの予想）によってさらに促進される。逆に価格が低迷し、今後も下落することが予想される場合、これとは正反対のことが起こる。さらに厳しい市場について論じてみよう。不利な市場では経営の維持もしくは再生産はほとんど不可能で、さらなる資本形成は抑制され、経営の発展は妨げられる。生産者はそうした困難な時期を耐え忍ばなければならず、おそらくは生き残るために自分の生活水準を大きく引き下げることさえ余儀なくされる。こうした市場の状態は、「都市偏重」（Lipton 1977）やグローバルな従属関係（Galeano 1971）の結果として生まれることもあるし、あるいは食の帝国が目下、農業に押しつけている圧迫から生まれることもある。

　こうした二つの市場状況は、異なるタイプの経営に異なる影響を及ぼす。経営における内部資源と外部資源のバランスは、ミクロレベルでこうした力がどのように作用するのかの重要な鍵を握っている。図表 4.1 は、そうした相互作用を簡略に要約したものである。図中の矢印は、過去数十年における世界農業の支配的トレンドを示している。

　図表 4.1 は、経営と市場との間に存在し得るさまざまな均衡に焦点を当てている。これらの均衡は経営によって吸収され、解釈され、さまざまな「内部」バランスに影響を及ぼす（例えば効用は大きな影響を受けるだろう）。とはいえ、経営と市場のバランスは静的なものではない。小農は特定の市場から撤退して

図表 4.1　市場と経営の相互作用

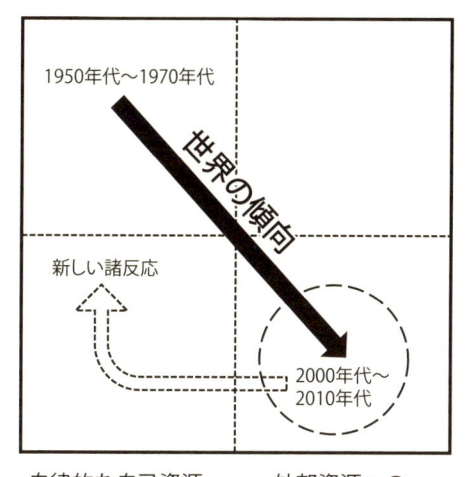

別の市場に参入することもできるし（この点では複数作物を生産する経営はかなり
の柔軟性を持つ）、協同組合を対抗勢力として利用することも可能だろう。また、
極端に不適切なバランスが認められる場合には、街頭に繰り出して国家による
介入を要求してもよい。さらには、自分たち自身で新しい市場経路を組織する
ことさえ可能かもしれない（Ploeg, Ye and Schneider 2012）。

　今日、多くの小農経営体はますます外部資源への依存を高め、同時に不利な
交換関係に直面している。彼らの多くがこうした苦境に陥るはめになったのは、
農業政策を破壊し、市場を自由化・グローバル化し、さらには資本に対するあ
らゆる規制を解いてしまった新自由主義プロジェクトのせいである。農業が、
（図表4.1の矢印が示しているように）、比較的好ましい市場条件のもとで比較的自
律的な生産単位が営むもの（もちろん、このことが普遍的に当てはまるというわけで
はない）から、川上市場に大きく依存した（前章を参照のこと）、かつ不利な市場
条件に直面した生産単位が営むものへと変化したのは、新自由主義によるとこ
ろが大きい。こうした変化の結果、グローバルノースでもグローバルサウスで
も、今や多くの経営がこれ以上の存続はますます難しいと考えるようになって
いる[1]。こうした事態を受け、世界の至るところで多くの農民が、不利な市場
にもっと立ち向かえるようになろうと、図表4.1の右下の位置から左下の位置

へと移ろうとしている。つまり、農業をより小農的で、かつより内部資源に基づくものへと変化させようとしている[2]。中には、新しい市場の創設とともに新しい市場経路を構築することで、左下の位置から左上の位置まで移動しようと試みる小農グループすら存在する。どちらの試みも、今日の小農運動の豊かさと多元性に寄与している。しかしなお、こうした試みは、今では広く知られるようになってきたとはいえ、依然として標準的なものというよりもむしろ例外的なものにとどまっている。

移住によって媒介される都市・農村関係

　市場は農業と都市経済を接合する唯一のメカニズムではない。移住もまた、従来から非常に重要であったし、現在も重要であり続けている。移住は多様な形態をとり得る。それは、農村から都市へ、そして建設現場、工場、港、インフォーマル部門への一方向的な人びとの流れである場合もある。都市周縁部に広がるスラム街は、こうした過程のほとんど避け難い帰結といえる（Davis 2006）。このような場合、農村の貧困および／ないし地方での戦争がプッシュ要因として作用することもあるし、都市経済でときどき支払われる比較的高い賃金（Chayanov 1966: 107）が、人びとを都心へと引き寄せるプル要因として機能している可能性もある。小農は、しばしば都市経済にかなりの熟練技を持ち込む。第二次大戦後のイタリアがまさにこのケースに該当する。分益小作農（mezzadri）が自分たちのネットワーク作りの能力を都市に持ち込み、イタリアの「奇跡」の核心を担う中小企業部門の隆盛を築き上げた（Bagnasco 1988）。

　だが、その具体的な形態がいかなるものであるにせよ、農村人口の流出には負の側面があり、農村の後退と放棄をもたらすかもしれない（Chayanov 1966: 107-8）。そうした負の影響は、移住が単線的なものではなく循環的なものなら避けることができる。しかし、その場合、また別の負の影響が発生する可能性もある。循環型移住は、離村して都市生活を経験し、金銭を稼いで蓄える（たいてい、婚約もしくは結婚したばかりの）若者に特徴的である。こうした移住者は、遅かれ早かれ故郷の村に戻り、農業や店舗、各種の小規模事業に投資する。このパターンは実際に、しばしば農業にかなりの活力を与えてきた。それはこれまでヨーロッパ全域で重要であり続けてきたし、現在では中国でも重要なものとなっている。今や、農業を都市や産業と結びつけている多種多様な循環型移

住のパターンを理解することなく、中国の農業を理解することは不可能である（Ploeg and Ye 2010）。こうした循環型の移住は、ときには国境を跨いで行われることもある。

　歴史的にみると、自分の経営を維持しながら（実際の世話は妻や両親がすることが多いのだが）都市経済の中で働く小農は、多くの争議で断固たる姿勢を貫けるような強力な労働者階級の形成に寄与してきた。それが可能だったのは、彼らには自分自身の農場という、万一の場合の代替策（後退場所）があったからだ。オッター・ブロックス（Ottar Brox 2006）はノルウェーの事例を詳細に論じているが、20世紀初頭に誕生したノルウェーの労働者階級のルーツは農村にあり、彼らは、国民が社会全体で産出した富を比較的公正に分配する体制をノルウェーにもたらす決め手となった重要な闘争に大きく貢献したという。このことは今日の諸関係にも反映されている。おそらくノルウェーは、石油産業の莫大な利益が少数の独裁者や民間資本に握られるのではなく、国民全体の利益のために使われている世界でただひとつの産油国だろう。

　要するに移住とは、都市と農村との間の全体的バランスを構成する重要な要素のひとつである。中には農村の活力を奪ってしまうような移住の形もある。その逆に、農村の再生を強く促すような移住のパターンもある。この点を左右する重要な要因のひとつが文化的レパートリーである。つまり、農村に戻ってそこの生活条件を改善することを人びとが重要だと判断するか否か、にかかっている。

農業対食品加工・食品販売

　歴史的には、食品加工と食品販売とを「外部化」する動きが進行してきた。今日、たいていの農業は原材料の生産と出荷だけを担い、原材料の加工は専門の食品業者が行っている。こうした業者の多くは世界中至るところで帝国的なやり方で活動している（Bonnano et al. 1994）。食品取引は、ますます巨大商社と小売チェーンによって支配されるようになっている。投入財を一次生産に送り込む流れを支配している農業関連産業に加えて、こうした食品加工業者、巨大商社、小売チェーンが一体となってネットワークを形成し、ますます抽出システムとして機能している（Vitali et al. 2011）。

　一次生産者と食品産業の間の相互作用は、単に商品を金銭と交換するといっ

た「単純な」取引とは大きくかけ離れたものになっている。チャヤノフは当時すでに次のように述べていた（Chayanov 1966: 262）。

> 取引機械（trading machine）は、集荷した商品が標準的な品質に達しているかどうかを気にして、生産組織にまで盛んに干渉し始める。技術的条件を押しつけ、種子と肥料を支給し、作付けの順番を決定し、顧客である生産者を自分たちの構想や経済プランの技術的代行者に変えてしまう。

後にこの点については、イタリア人農村社会学者のブルーノ・ベンベヌーティ（Bruno Benvenuti）によって徹底的な理論化が進められた。彼は、商品関係が「技術−管理的」（technical-administrative）関係を伴い、それらと織り合わされていることを発見した（Benvenuti et al. 1983）。彼によれば、これら二つの関係は一体となって、農民が何を、いつ、どのように、どのような順序でしなければならないのかを厳密に規定する制度的枠組みを作り出している。このような構造は、第3章で論じたように、「〜への自由」をほぼ完全に排除する。その結果、ベンベヌーティによると、「農業企業家」は「幽霊」と化す。農業企業家は、企業家にふさわしい幅広い裁量権を享受するどころか、他者、なかでも食品産業、商社、小売チェーン、投入財配給業者、銀行、政府機関によって決められた筋書きに縛られているのである（Benvenuti 1982; Benvenuti et al. 1988）。

チャヤノフの時代にはまだ協同組合が有効な対抗勢力となるだろうとの展望があった。協同組合は階級を基盤としていたし（Chayanov 1991）、大規模経営の強みを小農経済に提供していた。

> 小農協同組合は、……小農経済のひとつのバリエーションをきわめて完成度の高い形で表している。そこでは、小規模な商品生産者が自身の組織計画から、大規模生産の方が小規模生産よりも疑う余地なく優位な諸々の要素を切り離すこと、それも自身の個性を犠牲にすることなく切り離すことが可能となる。そのようにして切り離した諸要素を、隣人と共同で再度組織し直すことで、彼は大規模生産を達成することができる（ibid.: 17-18）。

今日、状況は大きく変化した。かつての協同組合も今では食の帝国と同じ仕方で小農を遇する団体に変わってしまった。その結果、新しい協同組合組織は

もはや、一般商品市場との間に有望なつながりを提供するものとは考えられていない。その代わりに新しい農村運動は、新たな「コモンズ」を作り出そうとしている。すなわち、生産者と消費者とが共有する新たな規範的枠組みの中に埋め込まれた新たな市場を創出しようとしているのである。こうした新しい市場が生まれるのはほとんどの場合、隙間、つまり大規模商品市場が十分に機能していない場所である。同様に、食品加工においても、取引条件はもはや最優先の課題ではない。今や主要な論点は、はたして食品加工を農業もしくはローカル経済の中に再び組み込むことは可能なのか、どのような条件が整えばそれは可能となるのか、といった点に移っている。こうした問いは、その実現を可能とする新しい小型化された技術が生まれている今、とりわけ意味を持つ。食品の加工と販売を経営の内部に再配置することは、今日の農村運動が掲げる重要なスローガンのひとつとなっている（Schneider and Niederle 2010）。

国家と小農層の関係

　国家は、都市経済と農村経済の間の諸関係、したがって市場と一次生産者の間の諸関係、移住の性格、そして小農と商人と食品加工業者の三者間の相互関係、これらすべてを、直接的であれ間接的であれ、反映すると同時に決定する存在である。だが、実はそれ以上の存在といえる。国家は、自身の刻印を農村の力関係に打ち込もうとする一個の自律的な勢力でもある。かくして、権力関係のバランス——対照的な社会勢力間の相関関係——が、考慮すべき最も重要な事項となる。この点を図解したのが図表4.2である。この図が示しているのは、ペルー北部のひとつの農業協同組合における単収水準（すなわち単位面積当たりの物的生産性）の変動である。ここに示されている単収水準は、この協同組合で生産されている米、ソルガム、綿、トウモロコシ、バナナといった作物の平均単収に基づいている。なお、平均単収は1973-74年を100とする指数で表されている。

　ここで鍵となる論点は、単収水準が農村における、国家によって媒介される権力関係をほぼ正確に反映しているという点である。1969年に農地改革法が発布されたが、単収水準が大きく跳ね上がり、その後も上昇を続けたのは、労働組合が大土地所有者の土地に侵入し、そこに新しい協同組合を建設することを決断した1972年になってからだった。この単収水準の上昇は、生産過程に

図表 4.2　ペルー北部の協同組合・「戦う者たち」（Luchadores）における単収の変動
（1960 年代〜1980 年代）

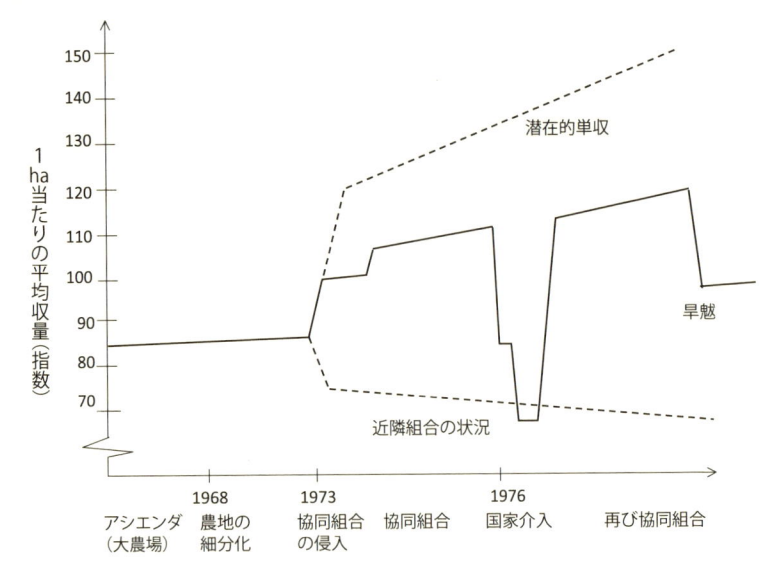

対する一次生産者の支配力が強まったことを端的に示している。だが、そうし
た状態が続いたのも 1976 年までで、その年には国家がこの協同組合に干渉し
てその経営権を奪取し、雇用を半減させた。こうした事態は単収の劇的な減少
を招き、それが回復したのは、長期に及ぶストライキが終息し、国家の任命し
た技術者が退去した後のことである。その後も、1983 年に深刻な旱魃がこの
地域を襲うまで単収は増加し続けた。

　この協同組合（「1 月 2 日の戦う者たち」［*Luchadores del 2 de Enero*]）の単収は、近
隣の協同組合の単収よりもはるかに高かった。それは労働組合の存在によるも
ので、労働組合は、より多くの雇用を求める闘争を、労働主導型集約化の集団
的な形態を創出する取り組みへと変換させた（次章を参照のこと）。実をいうと、
もっと単収を増やすことも可能だったかもしれない。それが相対的に低い伸び
にとどまったのは、「〜からの自由」（例えば銀行業界、巨大商社、政府機関からの
自由）を十分に確保できなかったことによる（より詳細な議論は Ploeg 1990 第 4 章
を参照のこと）。

　国家と小農層の間のバランスはいつの時も非常に重要である[3]。このバランス
は、上述の事例が示すように、しばしば小農の生産現場や生産過程に持ち込ま

れる。ジェームズ・スコット（James Scott）は、このバランスの両面を次のように巧みに表現している。一方では「国家のように見る（Seeing like a state）」（Scott 1998）ことが最も重要で、もう一方で小農は「統治されないための技（the art of not being governed）」（Scott 2009）に長けている。

　このバランスを成り立たせている均衡は、しばしば具体的な農業政策の中に結晶化している。そうした政策の多くの側面はラディカル左派によって批判されてきた。そして実際、それらは小農の利益に反することが多い（典型的な例として、欧州連合の補助金の80％が上位20％の富農層、なかでも「農業企業家」にわたっている）。しかしながら、湯水と一緒に赤ん坊を流してはならない［無用なものと一緒に大事なものを捨ててはならない：訳者補充］。農業政策は、とくに1930年代に、諸々の深刻かつ長期にわたる危機を収拾するために案出された。アメリカ合衆国のニューディール政策然り、後に共通農業政策（CAP）としてまとめあげられることになった欧州のさまざまな農業政策もまた然りである。農業政策が継続的かつ緊急に必要とされるのは、農業を一方の極とし、社会、生態系、そして農業に直接かかわる人びとの利益や将来への見通しを他方の極とする両者の関係に内在する根本的な不均衡を是正するためである。対立しがちなこれら双方の利益をうまく両立させるような政策を立案することは、緊急かつ困難な課題である。公平と平等を促進する、もしくは少なくとも既存の不公平と不平等が進行するのをくい止める政策を確立することは、とくに難しい。なぜなら、農業はすでに、あらゆるレベルにおいて大きな不平等によって特徴づけられているからだ。チャヤノフ（Chayanov 1988: 142）にとって、「所得分布の民主化」は農業改革の主要目的のひとつだった。しかしなお現在、グローバルなレベルでみると、北の先進諸国と南の発展途上諸国との間には大きな格差が存在する（Mazoyer and Roudart 2006を参照のこと）。また、そうした格差は地域レベルやもっと小さなローカルなレベルでも歴然と存在する。その結果、ほとんど必然的に農業政策が及ぼす影響も一様ではなくなり、真に助けを必要とする者には十分な支援が行き届かずに一部の者だけが裕福になる、といった事態が生じる。農業政策の費用と便益はたいてい不平等に分配されている。そしてなお、この重要な課題にどう取り組むべきかは、まだそれほどはっきりしているわけではない——とくに農業改革が政治課題の片隅に追いやられている場合はなおさらである（Thiesenhuisen 1995）。この問題は、小農層が概して内部の不平等を解決するのを苦手としていることで、よりいっそう複雑なものとなっている。

農業の成長と人口増加のバランス

　ミクロレベルで労働‐消費バランスを評価すると（第2章を参照のこと）、小農は生産と消費との間で求められる均衡水準に到達する。このことは、マクロレベルでは、エスター・ボズラップ（Ester Boserup 1970）がアフリカを例に示したように、農業の成長と人口増加とのバランスに反映される。人口増加は被扶養者の増加を意味するが、同時に土地を耕す働き手の増加も意味する。それゆえ、人口増加が農業の成長を引き起こす可能性もあるのだ。世界の他の地域についても、これと類似した関係が報告されている。黄（Huang 1990: 11）は、中国の人口稠密地域における人口増加の重要性に関し次のように指摘している。「人口増加は、小農の家族経営に特有の諸々の性質を媒介することで、明・清朝の時代に長江デルタの商業化を推し進める原動力となった。とはいえ、人口増加自体が商業化によって可能になったのであるが」。また黄は、等式のもう一方の辺の農業の成長について次のように認識していた。「ある小農経済がどの程度、内に向かって発展（involute）できるかは、その人口と利用可能な資源との間の相対的なバランスに大きく左右される」（ibid.）。農業の成長にははっきりとした限界があるのだ。

　かつては明白だった人口増加と農業成長のバランスは、今日、世界の多くの地域で混乱している（Netting 1993: 272）。アフリカではこれが最もはっきり目に見える形で、かつ劇的に進行している。そこでは少なくとも50年間、一人当たりの農業生産量が一貫して減少し続けてきた（Li et al. 2012）。かつては自明のこととされていた生産と消費の結びつきは壊されてしまった。こうした事態は国民国家のレベル（そこでは食料主権に対する要求の引き金になっている）だけではなく、ミクロレベルでも発生している。その結果、「*働き手を持たない土地と、土地を持たない働き手*（*tierra sin brazos y brazos sin tierra*）」というペルーの諺に要約されるような悲劇的な状況が生まれている。典型的には、貧困やさらには飢餓にさえ苦しむ農村世帯があるのに、家の周囲の土地は耕作されずに放置されている、という状況がこれである。彼らには土地を耕す手段がなく、また今やすっかり歪んでしまったバランスを再調整するいかなる可能性も彼らの手の届くところにはない。

◉原註

1)　この動向と結びついた差し迫った危険は、それが世界の食料生産に強烈な減少傾向を引き起す恐れがあるということである。

2)　この点に関してモトゥーラ（Mottura 1988: 27）は次のように述べている。「農産物価格が好調な時期には、二種類の経営［図表 4.1 では左列と右列に該当］の行動は類似したものになるかもしれない。だが、チャヤノフが示したように、価格が悪化した時期には違いが現れる。右列の経営には自身の経済活動を鈍化させる傾向があるのに対し、左列の経営には自身の労働を投下するための新たな機会を探し続ける傾向がある」。

3)　リトル（Little 1989）によると、権力バランスは、農村の発展パターンのみならず、間接的には都市の発展パターンにも決定的な影響を及ぼすという。「小農が伝統、組織、抵抗力をすっかり剥奪されてしまった地域では」、「啓蒙された地主層や芽を出したばかりのブルジョアジー」といった他の諸階級が、資本主義的農業を通じて農村の社会関係を、利益や科学上の新機軸が生まれる方向で再構築することが可能だった（Little 1989: 119）。だが一方、「小農コミュニティが伝統的な取り決めを守り通せた地域では、……資本主義的農業と農村における賃金関係の発生を可能にする財産関係の出現は、小農コミュニティによって阻止された」（ibid.）。ムーア（Moor 1966）も参照のこと。

第 5 章

単収

　小農的農業の歴史は絶えざる集約化の歴史である（Box 5.1 を参照のこと）。何世紀もの間、農民たちは、意識的にあるいは無意識のうちに、生産の過程に小さな変化（ときには大きな変化）をもたらし、それは単位面積当たりの収量（単収）の着実な増加という結果につながった。こうしたプロセスは多くの研究者によって記録されてきた（とりわけ Slicher van Bath 1960; Boserup 1970; Wit 1992; Richards 1985; Bieleman 1992; Osti 1991; Mazoyer and Roudart 2006; Wartena 2006; Steenhujisen Piters 1995; Zanden 1985 など）。

　単収は単なる技術的なパラメーターではない。それは、ミクロレベルとマクロレベルの間の、またローカルとグローバルなレベルの間の複雑で興味深い相互作用を反映している。換言すれば、単収が社会関係に依存している分、前者は後者を反映している。単収は労働過程の結果であり、この過程に秩序を与えているさまざまなバランス（とくに自立と依存の間のバランス）における調整の進行具合を反映している。ひどい窮乏や飢餓によって単収の停滞が起こり得る。単収の増加は、より豊かな時代の前触れとなり、小農のさらなる解放への可能性をひらく。高い単収はまた、増え続ける食料（または非食料）需要を農業が満たすことができることを意味する。このように、マクロレベルでみると、単収は国の輸入と輸出のバランスにも関係し、より適切にいえば、食料安全保障の戦略的な問題とも関わっている。

　チャヤノフの著作の中で（少なくとも英米では）最も広く流通しまた最もよく知られている『小農経済の原理（ソーナー編版）』は、単収や集約化についてほとんど触れていない。どちらも何かのついでに言及される程度である（例えば Chayanov 1966: 241）。このことは、ゼムストヴォ（*zemstov*）統計に記録されたロシアの状況を反映している。当時、つまり 19 世紀の末から 20 世紀の初めにかけては、ロシアでは土地不足が存在せず、とくに小農のコミュニティが定期的

に土地を再分配するⁱ⁾ようになってからは土地不足が解消されていた。その結果、小農家族は、耕地面積を増やすことによって生産と収入を増加させようと試みた。しかし、『小農経営の機能に関するエッセイ』(1924 年)¹⁾などほかの著作においては、チャヤノフはかなりの頁を使って集約化のプロセスについて論じている。この著作がイタリア以外でほとんど知られていないことは残念である（イタリア語版は Sperotto によって 1988 年に出版された）。今日の小農経済を理解する上で、とりわけ小農の苦闘のあらわれとしての労働主導型集約化（labour driven intensification）を理解する上で、この著作は重要である。

　集約化は単収の向上をもたらすプロセスのことである。それは「今まで 1 房の穂しかできていなかったところに二つの穂を育てる」ことにほかならない（Chayanov 1988: 115）。この著作の中で、チャヤノフは小農的農業を高い単収レベルを持つものと見なし、資本主義的農企業と小農的農業の集約レベルの間に明らかな違いを見て取っている。「資本主義的農業の集約レベルは小農的農業のそれよりはるかに劣っている」(ibid.: 117)。これは次の三つのメカニズムによっている。第一に、小農的農業は資本主義的農企業が立ち入らないところに進出して耕作限界地を切り開き、それを耕地や牧草地に変える。資本主義的農企業にとっては、限界地を耕地に変えるような事業からは一般に利潤を得られない（もちろん、これは資本主義経済全体の平均利潤率にもよる）。小農にとって、それはしばしば土地にアクセスするためのメカニズムであり、土地は小農の労働によって作り出されるのだ。

　第二に、小農は単位面積当たり、より多くの種、堆厩肥や役畜（去勢牛や馬）を投入することで、単位面積当たりのより高いレベルの資本形成を示す（第 2 章を参照のこと）。「多くの場合、農民たちは、より多くを生産するために、種、肥料、家畜などの生産要素の使用を増やすだろう。そうした増加は、農場全体の規模を拡大することに勝るだろう」（Chayanov 1988: 145）。そうした行為がより集約的な労働の使用と組み合わされ、より高い単収がもたらされる。「土地がよりよく耕されれば耕されるほど（より深くより正確に）、より多くの肥料が施され作物がよく世話されるほど、経営はより集約的になるだろう」（Chayanov 1988: 146）。

　第三に、生産組織を統治する原理がまったく異なっている。資本主義的農場

---

i)　ロシアのミール共同体は、定期的に農地を割り替えて配分する慣行を持っていた。

は利潤の最大化を求める。利潤とは生産物全体の価値と（労働費用を含む）生産費用との差である。小農にとっての目標は、純生産もしくは労働所得、つまり生産物全体の価値と（労働を除く）投入財の費用との差を最大化することである（ibid.: 122）。後述のように、このことが違ったレベルの集約度につながることを実証するのは簡単である。要するに、小農は遊休地を生産的な資源に転換し、それをより高いレベルでの労働および資本と組み合わせ、到達可能な範囲内で最高の集約度のレベルにもっていけるように生産の改善を行うのである。しかし、小農がこうした生産改善を実行できるのは、彼らが必要な政治経済的空間を確保できているときのみである（Halamska 2004）。

　単収の増加は二次的要素とはほど遠い。チャヤノフ（1988: 141）にとって単収の増加は「生産力の発展」の一部であり、はっきりと「進歩的な現象」と考えられていた。単収の増加は「新しい生産関係」を必要とするかもしれない（ibid.: 142）。同様に、同じコインの裏側として、（集約化に）不利な社会的生産関係は集約化を妨げるばかりか、逆方向の結果——粗放化——さえもたらすかもしれない。

　上述の著作では、これらすべての論点について詳細な議論がなされており、その詳しい議論は「反比例関係」に関して繰り返されてきた激しい論争を理解するのに重要である。ここでいう反比例関係とは、小経営がしばしば大経営よりも高い集約度レベルを示す、ということである。実証的な観点からそれが事実であるか否か、その理由（もしそれが本当だとして）、その示唆するところ（例えば、広い所有地を小さい土地に分割したら全体の生産量の急増につながるのかどうか）はすべて激しく議論されてきた論点である（最近の議論の例としては Sender and Johnson 2004, Woodhouse 2010 などを参照のこと）。チャヤノフにとっては、こうした議論は無駄話にすぎないだろう。それは小と大の違いに関することではない。どうしたら小面積の土地もしくは小さな生産単位が、それ自体で、大きな土地や生産単位よりも多く生産できるのかが問題なのである。単位の大小はそれ自体で固有の性質を持つわけではない。小農経営はほとんどの場合（いつもそうであるわけではないが）資本主義的農場より小さいが、本質的なのは規模の違いではない。生産の様式が違うのである。小農的生産様式は、資本主義的生産様式より高いレベルの集約性に進む傾向がある。それはまさに「資本主義的農場と小農経営の目的には根本的な違いがあるからである」（Chayanov 1988: 72）。

　集約化は基本的に二つの異なる軌跡をたどる。それは労働か技術のどちらか

によって進められる。小農的農業では労働主導型の集約化が典型をなす。その反対は技術主導型の集約化であり、そこでは単収の増加は本質的には新技術の適用とそれに関連する投入財の結果である。理論的には、この二つの方向性は相反するものではなく、同時に起こることもあり得る。しかし現実には、また既存の社会経済的関係の中では、それらは同時には起こらない傾向がある（例えば Hebinck 1990: 200 を参照のこと）。このことは、労働主導型集約化に技術がないことを意味するのではないし、技術主導型集約化に労働がないことを意味するのでもない。しかし、この二つは、はっきりと違う技法をデザインし適用する。この決定的な違いについては、本章の後の方で触れる。

Box 5.1　基本的な概念

すべての労働過程は、農業も含めて、三つの相互に作用する要素を含んでいる。それは労働力、労働対象、そして道具である。労働過程は、労働対象を、それがもともと持っている価値より高い価値（しばしば違った種類の価値）を持つ生産物に転換する。農業の特徴は、労働対象が生ける自然の一部だということである。例えば、肥沃な土地の場合がそうで、肥沃な土地は植物の成長に必要な栄養素をもたらす豊かな土壌生物相を持っている。土地はいつでもより広い生態系に属し、その一面を占めている。ほかの労働対象、例えば動物（乳や肉、牽引手段や厩肥をもたらしてくれる）、植物、果樹、ブドウ園などは、どれもはっきりと生ける自然を代表している。水についても同じことが当てはまり、アンデス地方の小農はそれを「聖なる生きた存在として」認識している（Vera Delgado 2011: 188）。

生ける自然が中心にあるという事実は、農業における労働・生産過程のあり方に強く影響している。そのことは変わりやすく予測不可能な性質をもたらすため、絶えず観察し、解釈し、適応し、評価するという永続的サイクルが必要になる。こうした活動は職人的な労働過程の一部であり、その展開は農場の生産と再生産にとって決定的な新しい洞察を生み出す（Sennet 2008）。

必要な労働力はさまざまな形態を取る。それは男であったり、女であったり、子供であったり、互いに助け合う隣人だったりする。生産過程に参加すると、彼らは労働力となる。重要なポイントは、彼らの労働が労働対象をもっと役に立つ品目に転換する、ということである。そのためには器具や道具の使用が必要になる。

道具は労働過程を簡便にし改善するために使われる。労働対象や労働力と同様に、道具には実にさまざまなものがあり得る。労働力が持っている知識とともに、

道具は技法や技術を構成する。ここで重要なのは、熟練志向型の技術と機械的な技術を区別することである（Box 5.3 を参照のこと）。

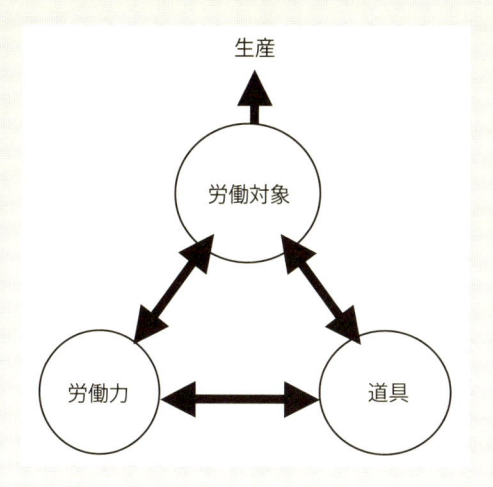

　労働力、道具、労働対象の組み合わせは何通りも考えられる。こうした組み合わせの性質は、支配的な社会的生産関係によって異なる。そうした生産関係が労働過程をなす具体的な時間と空間に特有の形態と力学を与え、労働過程を形作る。社会的生産関係はまた、生産された富の分配をも左右する。これらの社会関係はさまざまな要素から成り立っており、その影響もさまざまである。ジェンダー関係が重要な要素かもしれないし、あるいは技術や、食品産業と農民の間の関係などがそうかもしれない。実際の農業パターンを調査するときには、具体的な現場の事情に即して、影響力の大きい社会的生産関係を検討することが常に必要である。これらの関係は、いくつかの互いに作用しあう部分から成り立っており、一般にとても複雑で常に変転するパターンを示す。

　労働対象 1 単位当たりから産み出される価値の大きさ（農業では単収とも呼ばれる）は、農業においては、集約化のレベルとして理解される。労働対象 1 単位当たりの生産量（例えば 1 ヘクタール当たりの穀物生産量や乳牛一頭当たりの乳量など）が多いほど、集約度は高い。集約化は単収の増加のことも指すし、そうした単収増が達成される過程のことも指す。集約化の仕方には多くの異なる、またしばしば非常に対照的な道筋がある。集約化の方法選択は激しい議論の対象となっており、そのことについては本章の後の方で触れる。

　集約度と並んで、経営の規模はもうひとつの主要な概念である。これは、労働対象の数と、対象を有用な生産物に変えるのに必要な労働力との量的な関係（例

えば労働者一人当たりの農地面積や乳牛の数など）である。経営の規模は、使用される道具と、（より一般的には）社会的な生産関係によって決まる。

　規模と集約度の相互関係（第2章、第4章も参照のこと）は小農研究の中でよく議論されるもうひとつの争点である。これらの基準は、大規模な企業型農業（しばしばより優れていると見なされる）と小農的農業を評価し比較するためによく用いられる。

　農業にはさまざまな発展の軌跡がある。継続的な集約化を通して発展するかもしれないし、あるいは違ったパターンをたどり、規模の拡大に進むかもしれない。もちろん、あらゆる種類の中間的な形態があり得る。速水とルタン（Hayami & Ruttan 1985）は各国で観察される異なる軌跡を記録している。彼らは、それらのパターンを相対要素価格（つまり土地と労働の相対価格）を反映するものとして説明した。土地が安く労賃が高ければ、規模の拡大が優越するだろう（その逆も然りである）。こうした説明に関しても激しい論争が行われてきた。

労働主導型集約化の現在のメカニズム

　労働主導型集約化の現在の形態は、多くの場合相互に依存し合う五つのメカニズムに根ざしている。最初のものは、第2章で見たようにすでにチャヤノフによって確認されている通り、労働対象（これとほかの概念については Box 5.1 を参照のこと）1単位につきより多くの労働と資本を利用することにかかわっている。土地1ヘクタール（もしくは家畜1頭）当たりより多くの労働が投入され、より多くの道具や投入財（チャヤノフ的な意味での「資本」）が使われる場合である。これは作付の仕方や耕作方法の変化や、家畜の世話をより熱心にやるといった変化につながるかもしれない。

> 耕起や栽培、そして収穫の方法でさえ、労働と資本の集約化の中で変えられるだろう。例えば、同じジャガイモを栽培するのに40日働くのかそれとも120日働くのか、また1デシャチーナ（1desyatina ≒ 1.09ha）の休閑地に1,000プード（1pud = 16.38kg）の糞を散布するのかそれとも3,000プードを散布するのか、といった具合である[ii]（Chayanov 1966: 147）。

ii) デシャチーナはロシアの古い面積単位で、農地について用いられた。プードもロシアの古い重量単位。用語集を参照のこと。

（再度、チャヤノフ的な理解における）労働と資本はここで相互補完的な意味で使われている。つまり一方は他方の代用物として使われるのではない。

二つ目のメカニズムは農業生産のプロセスの微調整に関わっている。厳密に農学的な観点からは、農業生産は成長要因と呼ばれるいろいろなものに基盤を持ち、依存している。例えば土壌中の栄養分の量と構成、その移動のしやすさ、それを吸収する根の能力、利用可能な水とその分布などである。何千年もの間実践されてきた小麦の栽培は、そういった成長要因を 200 以上も持ち、その数は科学的知識の深まりとともに増え続けている。いろいろな作物と家畜（そして「二次的層」の相互作用）からなる混合農業（Mixed farm）では、何千もの成長要因がある。

きわめて重要なのは、これらの成長要因は常に不変というわけではなく、また単に最初からそこにあるわけではない、ということである。それらは、個々にまた全体として、常に変動している。なぜならそれは労働過程によって絶えず統制され、修正され、調整されているからである。例えば栄養素の量や構成は、農民の仕事によって修正される。栄養素の移動のしやすさは耕起によっており、また水の使用可能性は灌漑と排水によって調整される。つまり、こうした成長要因の「振る舞い」こそが、（労働過程をなす）特定の作業対象なのである[2]。

単収のレベルは、成長をいちばん制約する要因で決まる。図表 5.1 はこれらの成長要因を樽の側板として示した古典的な図である。樽に水を満たそうとしても、水のレベル（＝単収のレベル）はいちばん短い側板のところまでしか上げることができない[3]。

営農実践の中で、農民はいつもこの「いちばん短い側板」つまり制約要因を探している。観察、解釈、作業の再編成（しばしば最初は実験という形を取る。スンベルグとオカリ（Sumberg and Okali 1997）を参照のこと）、評価という複雑で長期にわたるサイクルを通して、制約要因が発見され修正される。これは既存の作業手順を変えることにつながり、それが成功すれば単収レベルは上昇する。これは常に継続していくプロセスである。いったん最初の側板（制約要因）が「高くなる」と、今度はほかのものが新しい制約要因として表れてくるだろう。最も短い側板を探してそれを「建て直す」ことは、知識を得る過程でもある。それは実践的な知識もしくはマンドラ（Mendras 1970）がいうところの「*在地の技法*」（*art de la localité*）である（Box 5.2 を参照のこと）。このタイプの知識は労

図表 5.1　成長要因と単収のレベル

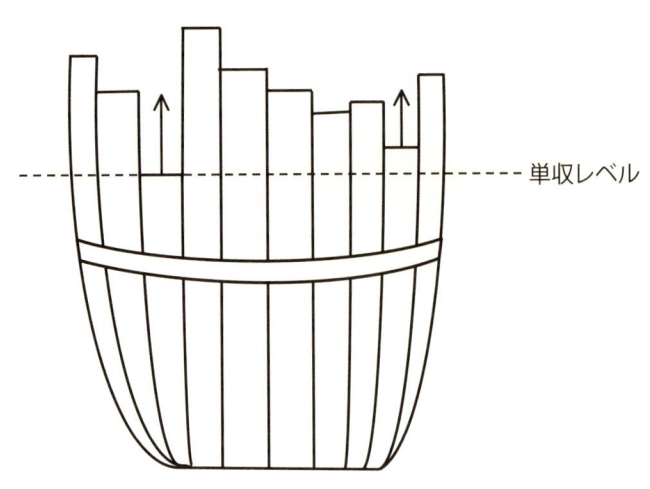

単収レベル

働主導型集約化の過程を通して現れてくる。その過程が知識を育み、促し、それはまた同時に、結果として生じる過程によって拡大される。このことは、場所によって条件が変わってくるときに、とくに当てはまる。「在地の技法」すなわちローカルな知識は、ある時間や場所に固有のものである。それは職人的なもので、科学的な知識（とくに現在のテクノクラート的なタイプの知識）とはかなり違った文法を持っている。それは職人的な技を生み出し、またその一部となるような知識である。農民はこうした知識と技能の担い手である。それはしばしば暗黙知（*san paroles* な知識）でもある。つまり（いまだ）明確な言葉によって言い表せない経験的な知識である。それはまた熟練した技能とも密接に関連している。

Box 5.2　ローカルな知識

　軍事技術者が弾道学の法則を理解するずっと以前から、大砲の弾は飛んでいた。液体につかった体に対する上昇圧力の法則をアルキメデスが説明する何世紀も前から、船は海洋を航海していた。多くの実践は当事者たちの熟練に支えられ、そうした実践はしばしばとてもダイナミックに変化する。なぜなら、熟練はそれが生み出す実践との弁証法的関係を通して、恒常的に発展するからである。狭義の科学的知識は、新しい実践を生み出したり、既存の実践を改善したりすることを

必ずしも必要としない。それどころか、逆に、豊かで、異質で、ダイナミックな実践（それがどんな性質のものであれ）がすでに発展しているからこそ、科学的知識が形成されるのである。科学はそうした実践の上に立ち、それに含まれる法則を引き出すために作られる。つまり、科学は知識の有力な源泉ではあるが、唯一の源泉ではない。熟練はもうひとつの源泉であり、ローカルな知識（在地の技法）(art de la localité) はその重要な一部分である。直観もまた重要な役割を果たす。

こうした改善への模索、観察、解釈、作業の再編、評価のサイクルは、各個人の企てにとどまらないことに注意しなければならない。このサイクルを構成する諸々の要素はしばしば個々の経営の垣根を越えて、コミュニケーションや知識の共有のためのより広いネットワークを伴うこともあろう。それはかなりの時間をかけて展開し、またしばしばある種の分業を想定していることもある。こうしたネットワークは、言わば、小農的農業の神経系であり、メッセージを伝え、さまざまな場所からくる情報を受け取る。ときには、そうしたネットワークが農村での社会的政治的な闘争における重要なメカニズムに転換することもある（例えば Rosset et al.（2011）を参照のこと）。

適応の観察から評価に至るサイクルは知識に決定的に依存している。それと並行して、そのサイクルは利用可能な知識のストックを拡大する。ここで論じているのは経験的な、実践的な、またはローカルな知識のことである。同時に、微調整の継続的なプロセスとその結果として起こる知識の発展は、フランチェスカ・ブレイ（Francesca Bray 1986）が熟練志向型の技術と呼んだ（Box 5.3 を参照のこと）、ある特殊なタイプの技術につながる。

Box 5.3　機械的技術と熟練志向型技術の対比

西洋的な世界観では、しばしば技術を物理的な単収の増加や技術的効率性と結びつけて考える。しかし、フラネスカ・ブレイ（Franesca Bray）がそのコメ経済に関する美しい研究の中で示したように、それはいつも正しいわけではない。ブレイは機械的技術と熟練志向型技術を区別する。熟練志向型の技術では比較的簡単な道具が使用され、その道具が、それを使う人びとの熟練や知識と一体化する（Box 5.1 を参照のこと）。機械的技術においてはその関係が逆転する。そこでは道具がたいへん洗練されたものになるが（例えば自動搾乳装置）、それを操作するに

は大した知識はいらない。そのため、機械的技術はしばしば熟練技能の低下をもたらす。

　技術的な観点からいえば、微調整の成功は生産過程の技術的効率性を高め、そこでは同じ量の資源を使ってより高いレベルの生産が実現される。こうした技術の効率化は労働の質に決定的に依存している。

　労働主導型集約化の三番目の重要なメカニズムは、使われる資源の体系的な改善の中にある（Boelens 2008）。ある資源は、慎重に計測された生産と再生産のバランスを通して改善されるかもしれない。通常、これは段階的に実現されるが、ときには相当の飛躍が起きることもあり、そのときには、突然、大きな躍進が実現される。いずれにせよ、そこには次のようなプロセスがある。圃場の改善（厩肥の投入、棚田や段々畑の造成、灌漑・排水施設の建設、土地の均平化、深耕など）、土壌生物相の強化（窒素分を生み出すための土の能力を高める）、より生産的で地域の条件に適合した品種を生み出すための改良（選択、交配、選抜などの長い期間にわたるプロセスを通して）、新しい建物の建設（例えば収穫物のロスを減らすため）、新しい品種の創造（混作、自然発生的な交配、試験、種子の増殖などを通して）、ローカルな知識の拡張、技能の発展、新しいネットワークの展開などである。実際の場面では、そうした改善はしばしば第一のメカニズム（労働対象1単位当たりのより多くの労働や資本の投入）および第二のメカニズム（微調整）に属する活動と合流する。しかし、私たちはこの過程を分けて分析しなければならない。労働対象がより多くの労働と資本を取り込むことができる（つまり第一のメカニズム）ようにするのは第三のメカニズム（改善）である。また資源の改善はしばしば第二のメカニズムのサイクル、すなわち樽のいちばん短い側板を特定しようとするサイクルの余波の中で生まれる。

　四番目のメカニズムは、「新奇なもの」（novelty）の生産であり、これはこれまで議論してきたものと密接に関連するが、ここでは切り離して扱う。新奇なものとは、

　　既知のものと未知のものを分ける境界上に位置する。新奇なものとは何か新しいものである。すなわち新しい実践、新しい洞察、予想していなかったが興味深い結果などである。それは前途有望な結果であり、実践であり、

洞察である。同時に、新奇なものは、まだ十分に理解されているとはいえない。それは規則からの逸脱である。それはそれまでに蓄積されてきた知識には一致しない（Ploeg et al. 2004: 20）。

　リップとケンプ（Rip and Kemp 1998）の言い方を借りれば、新奇なものとは「うまく働くことを約束された新しい配置である[4]」。何世紀にもわたって、農民は新奇なものの生産を通して着実に単収の増加を実現してきた。このプロセスはこれまでもたくさん記録されている。葉（Ye 2002）は、中国が集団化政策を止めた後の時期における、新奇なものの生産についての有益な記述を提供している（Ye et al. 2009 も参照のこと）。オスティ（Osti 1991）とミローネ（Milone 2004）はヨーロッパ農業の周辺部における新奇なものの生産を記録し、アデイ（Adey 2007）は南部アフリカに関して同様の記録を残している。また、ウィスケルケとファンデルプルフ（Wiskerke and Ploeg 2004）は一般的な概説を行っている。
　新奇なものはしばしば在地の農業実践の中に隠れている。それはゆっくりとしか、あるいは限定的にしか普及しないこともある。しかしながら、新奇なものはまた研究者によって発見され、取り上げられ、試験と開発を経て、ついには改善され強化された形で農業部門に再導入されることもある。そうした流れ（とその結果としての研究者と農民との協力）は非常に強靭なメカニズムであることが分かっている。しかし、第二次世界大戦後は、農業の諸科学がそれまでよりずっと技術主導型の道をたどるようになり、上述のような流れは通例というよりむしろ例外になってしまった。現在ではアグロエコロジー（Altieri 1990; Altieri et al. 2011）が、新奇なものを基盤としながら、それをより広く適用できる改善方法として展開させる筋道を導いている[iii]。
　新奇なものはある場合には漸進的であり、互いに影響を与えあい、小さいが累積的な単収の増加につながることもある。同様に、それはラディカルであるかもしれない。つまり既存の実践や知識の体系を根底的に変化させ、単収のレベルに突然の大きな飛躍をもたらす。こうした根本的変革をもたらす新奇なものの現在の事例は、稲作の SRI 農法（System of Rice Intensification）に見出すことができそうだ。SRI 農法は「テクノロジーというよりは一連の実践と原理であり、農民が直面する多様な農業生態学的ならびに社会経済的な条件に応じて、

iii)　この点については、ピーター・ロセット／ミゲル・アルティエリ著、受田宏之監訳『アグロエコロジー入門─理論・実践・政治』明石書店、2020 年が参考になる。

柔軟に取り入れられ実行される」(Stoop 2011: 445)。「SRI 農法は稲にかかわる農学の国際的主流からは比較的孤立したところで出現した」(Maat and Glover 2012: 132) ことは多くを物語っている。実際には SRI 農法は、農学の知識を持つフランス人聖職者デ・ロラニエ (de Laulanié) とマダガスカルの稲作農民の協力の下に生み出された。それは欠乏と不利な気象条件の中から生まれた。そこでの稲作実践における個々の作業段階は、直観的には生産にとって逆効果を与えるように見える。例えばとても幼い苗を移植すること、植える苗の間隔を広く取ること、(ずっと湛水するのではなく) 水田が湿潤と乾燥の状態に交互におかれるように土の湿度を調整すること[iv]、ミネラル肥料でなく有機肥料を使うこと、そして頻繁に除草をすることである。しかし、これらの変化が一体となって劇的な単収の増加をもたらすとともに、大幅な費用の減少も実現される。これらの要因が相まって、SRI 農法は広く普及し、今やたくさんの国で実践されている。振り返ってみれば、SRI 農法はひとつのパラダイム・シフトを体現している。それは、穀物の単収を増やすために、単位面積当たりにたくさんの作物を植え、また多くの肥料を投入するという従来型モデルからの明確な決別であった。緑の革命において推奨された品種と対照的に、SRI 農法で使われる品種は、イネの持つ分蘖という特性に基づいて選択され、根群を十分に発達させることが重視される[5]。よく発達しより活動的な根群システムは乾燥への耐性を大きくすると同時に、栄養分を吸収する際の効率性を増し、したがって肥料の使用を減らすことができる (Stoop 2011: 448)。同時に、土壌の有機質が十分に供給されることで、根と土壌生物相との間で双利共生関係が強化されるのである。

　SRI 農法は革命的で、幅広い影響力を持ち、説得力のある力強い変化である。それは制度化された農業諸科学の領域の外側で、実践の中から生み出されてきた。それは既存の科学界からは、あからさまに嘲笑されないにしても、当初は無視されていた。この点については後に、いわゆる「収穫逓減の法則」、つまり労働主導型集約化を制約する最大の要因に見える「幽霊」について論じるときに、再度触れることにしよう。

　五番目のそして最後のメカニズムは、農業生産を最も効率よく行うために小農的農業で使われる特定の計算法である (Box 2.4 で記している「良い単収」の

---

iv)　その好例を、かつて西日本で広範に行われていた田畑輪換に見ることができる。

中心的な役割に留意すること)。小農は最大の労働所得を得ようとして奮闘するが、それは投資された資本から最大の利潤を引き出そうとする試みとはかなり異なっている (Chayanov 1988: 73)。そうすることで小農は、集約化につながるほかの四つのメカニズムをできるだけ推し進める。

　チャヤノフによって開発されたアプローチに基づいて、筆者はこの基本的なポイントを二つの段階に分けて説明したいと思う。最初の段階は、図表5.2 にあるように、単純な生産関数を使う。これは、例えばある時点における大麦の生産を特徴づける物的な投入と産出の関係を表している。微調整が行われたり、何らかの「新奇なもの」が生み出されたりすると、関数は変化するだろうが、この時点では図表5.2 のように表すことができる。ここで産出 1 単位が 1 ユーロに相当すると仮定してみよう。投入についても同様に、1 単位の費用は 1 ユーロとする。労働投入 (例えば時間換算で) は x 軸の下に記されている。ここでは 1 時間の労働が (賃労働の場合に) 1 ユーロに等しいと仮定しよう。総費用は、使用された投入財の費用と労働費用を合計したものである。

図表 5.2　生産関数

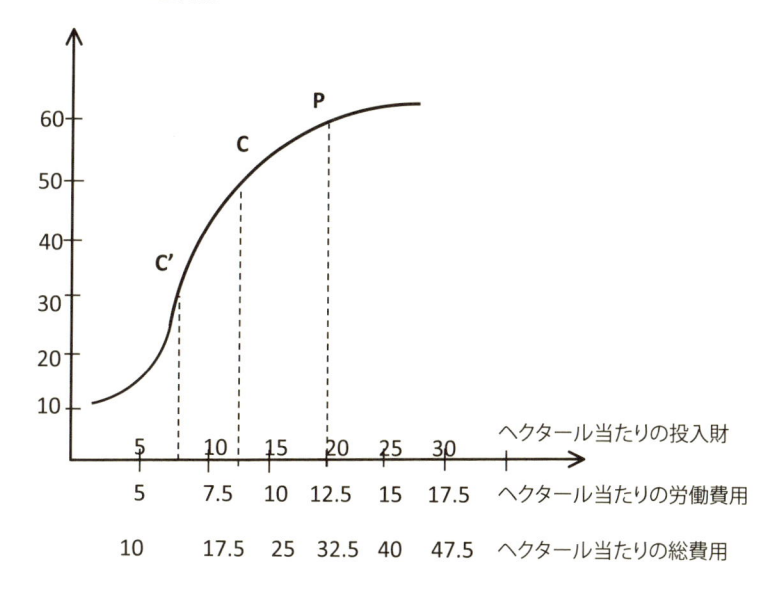

さて、もし大麦の生産が小農的な生産単位で行われているとすると、その小農はもし可能であるなら、[6] 投入レベル 20 まで移行して、その結果 58 ユーロ

の生産高（生産関数のP点）を得るだろう。なぜだろうか？　P点よりも右に進むと、彼は愚か者として名が知られてしまうだろう。すなわち、投入レベルが20から25に進むと、彼は5ユーロを余計に投じることになるが、その結果4ユーロ分しか余計に生産できないからである。これとは対照的に、レベル15から20に進むと、5ユーロの投入増に対して6ユーロの産出増となる。こうして投入レベル20（もしくはその少し上）の地点で彼は最大の労働所得（産出額から投入額を引いたもの）を得ることになる。この場合、彼の労働所得は38ユーロ（産出額58ユーロと投入額20ユーロの差）となる。

　もし同じ作物が資本主義的農場で栽培されるとしたら、これとは違った風に計算される。企業家が関心を持つのは、労働所得を最大化することではなく、投資された資本に対する利潤を最大化することである。最大の利潤は（それだけをとりだせば）投入レベル12のあたり（C点）で得ることができる。この点に近づくことは、総費用（投入財と賃金労働を含む）よりも高い追加の利益が得られることを意味する。その点を過ぎれば、追加的に得られる利益は追加的費用よりも低くなる。最適な投入レベル（12）における利潤は27ユーロである（48マイナス21）。しかしながら、投資に対する最も高い収益（つまり最高の利潤率）は、より低いレベルの投入と労働投資において実現されるので、最高利潤率の点を選択すると、より低いレベルの生産という結果をもたらす。総費用の割合としての純利潤率は、7.5の投入レベルで約135％（つまりC′点）、12の投入レベルでは120％になる。このことは、理論的な世界では、小農は資本主義的経営よりも高いレベルの集約度を達成していることを示している。小農は図表5.2のP点において生産し、資本主義的経営はC点もしくはC′点において生産する。これはそれぞれの計算方法［つまり経営目的：訳者補充］が違うからである。小農は労働所得（総生産から投入財の価値だけを引いたもの）を最大にすることに関心を持っているのに対し、資本主義的農業経営は最大の利潤（総生産から投入と賃金を引いたもの）を求めている。つまり、最初の計算式が小農をP点まで押し上げるのに対し、二番目の計算式は企業家をC′点に移動させる。

　これらはすべて、もちろんまったくの仮説上の話である。生産関数の勾配が小農と企業家とで違ったものになる理由はたくさんある。例えば異なる価格、特別の出費や農業政策と保護制度などが、片方のグループには（もう片方のグループに対してよりも）有利に働くかもしれない。だが重要な点は、等しい条件のもとでなら、小農は資本主義的経営よりもより高いレベルの集約度で生産す

る、ということである。

　現実の世界では、こうした「等しい条件」はほとんど存在しない。小農がパワフルな資本家たちに伍して営農しなければならないという今日の農業においては、とくにそうである。また、小農と資本主義的企業家が、同じ生産方法を取ることはほとんどないことも重要である。企業家たちは、ますます小農たちの手には届かないような技術を入手できるようになっている。これは、必ずそうなるわけではないが、「[経営規模と集約度との：訳者補充]反比例関係」を不明瞭なものにしてしまうかもしれない。

　1980年代の初めに、筆者はペルーのコスタ地方（沿岸部）の稲作についてよく知るようになった。その当時は、図表5.3に要約したような、四つの技術レベルを認めることができた。

図表5.3　技術、単収、費用のレベル

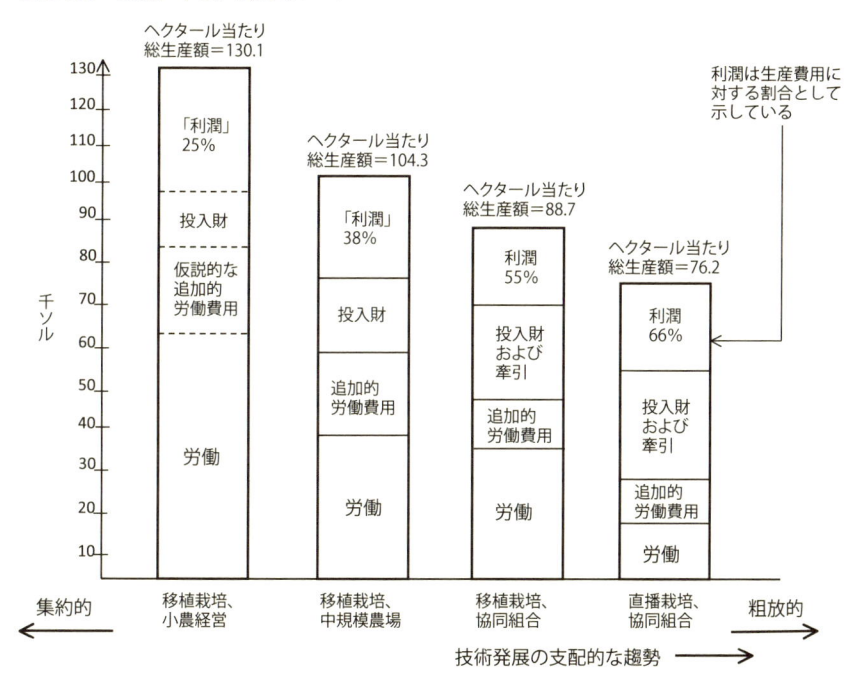

　いちばん左の柱は農民が種子の直播でなく苗の移植（田植え）を採用している状況を表している。これはずっと多くの労働量を必要とし（除草の段階では省力的になるが）、高い単収をもたらす。投入財（種子、家畜の肥やしなど）のほと

んどは農場それ自体で生産される。これは小農が営む農場においてしばしば見られるパターンである。彼らは高い労働投入量を問題とは認識していない。高い単収が高い労働所得を保障するからである。左から二番目と三番目の柱は、移植法を採用しながらも、市場を通して得られる投入財（とくに肥料や除草剤）をよりたくさん使用し、より機械化（3番目の柱における牽引に使う費用に示されている）が進んだ状況を表している。これは中規模の農業経営や協同組合でよく見られるパターンである。ここでいう労働は（とくに3番目のケース）賃金労働である。

　四番目の柱は、機械化された直播（それは小さな飛行機でやることさえできる）を採用したケースを表している。可能な場合にはいつでも、作物保護（防除）や収穫などのほかの作業も機械化されている。単収は、とくに小農の田んぼと比べると、はるかに低い。しかしながら、利潤率（利潤と費用の割合）はこのケースで最も高い。ただし利潤の絶対値としては二つ目のケースよりは劣っている（利潤率でいうと38％に対して66％で優っている）。こうして、単位面積当たりの高い支出に融資したがらない農業銀行（banco agrario）の意思と、投資に対する高収益を求める経営（それはリスクを嫌うことにもなる）があいまって、もっとも「近代的な」技術を導入しながら逆説的に最も低い単収をもたらすという結果になっている。

　少なからぬ社会的・政治的闘争があってようやく、いくつかの協同組合の労働者たちは、主要な目的として「生産的な雇用の創出」を導入するよう幹部を説得した。この結果いくつかの大きな協同組合は、図表5.3中のいちばん左の柱に示す技術体系を採用するようになり、そのことが（筆者の友人ペレスが当時言ったように）「田んぼを緑に色づけ、ペルーが自力で十分な食料を生産できるようになるのを助けた」。

労働主導型集約化の意義と広がり

　前述の五つのメカニズムの潜在的な広がり（その結果としての労働主導型集約化の潜在力）は、これまで小農研究やそれに関連する研究分野（農業経済学や開発経済学）の中で無視されるか、ひどく過小評価されてきた。これらすべての研究分野の中で使われている重要な概念のひとつは、収穫逓減の法則である。これは基本的に、限界効用派の理論に基づくものである。この理論では、資源

がより多く追加されればされるほど（例えばヘクタール当たりの労働投入を増やすなど）、追加的に得られる生産量はより少なくなると仮定し、ついにはその関係がマイナスに転じる点に到達することもある。小農社会全体に適用されるとき、こうした収穫逓減は構造的なインボリューション、つまり発展とは正反対のものとして解釈されるだろう。一見すると、こうした収穫逓減の議論は説得的に聞こえる。畑にあまりに多くの種を播くと、作物は生えすぎて混み合うし、肥料を入れすぎると土壌を害し、水をやりすぎると作物が水浸しになってしまう。しかし、小農は自らを村の愚か者のようには見られたくないから、特定の投入財を過度に使うことを控えるし、その代わりに「最も短い側板」を探し、収穫逓減のわなに落ち込まずに集約化できるように自身の営農のやり方を再編成するだろう。

生産生態学（production ecology）の理論では、収穫逓減は通例でなくむしろ例外的だと言われている（Wit 1992）。農業においては、収穫逓減をきっかけに新しい解決策が模索され、さらなる進歩の駆動者ともなる（SRI のように）。そして農業は、より高い生産性レベルを示す新しい関数へと飛躍する（図表5.4を参照のこと）。そしていったん新しい解決策がそれ自身の限界にぶつかると、同様の基本的な手順が繰り返される。こうして、図表5.4 に示されるように、収穫の増加に特徴づけられる全体の軌跡が出現してくる。こうした収穫の増加は最終的には自然の限界に達する。例えば光の入手可能性や、植物の成長の基盤となる光合成の上限などである（これを永続可能性にかかわる限界と混同してはならない）。しかしながら、どの地域でも農業がそうした自然の限界に到達することは実際にはあり得ない。

皮肉なことに、レーニンは、今日の農学理論から得られるこうした洞察を最初に予期した一人だった。チャヤノフ（Chayanov 1988: 88）が収穫逓減の法則に関して書いていたのに対して、レーニンは早くも 1906 年に、この法則に関して以下のように書いている（Lenin 1961: 109 斜体は原文のママ）。

（収穫逓減の法則は）空虚な抽象であり、いちばん重要なこと、つまり技術発展のレベルと生産諸力の状態とを無視している。確かに、「労働と資本の追加的な投入」という言葉そのものが、生産方法の変更や、技術の改変を*前提としている*。…新しい機械が*発明*されなければならず、耕作や、畜産や、生産物の輸送などの新しい方法がなければならない。もちろん、た

とえ生産技術が同じレベルにあっても「労働と資本の追加的な投入」は起こるだろう。そうした場合には、「収穫逓減の法則」は**ある*程度***当てはまる。それは、旧態依然の生産技術が追加的な労働と資本の投入に大きな制約を課すという意味においてである。その結果、普遍的な法則の代わりに私たちが手にするのは、きわめて相対的な「法則」である。実際、あまりに相対的なため、それは「法則」、あるいは農業の主要な特徴とすら呼ぶことはできない。

　この引用のすべてが、レーニンによれば、「なぜマルクスもマルクス主義者もこの「法則」について語っておらず、ブルジョア的な科学を代表する者だけが…それについてこれほどまでに騒ぎ立てるのか」の理由を説明する（ibid.: 110）。

図表 5.4　特殊なケースとしての収穫逓減

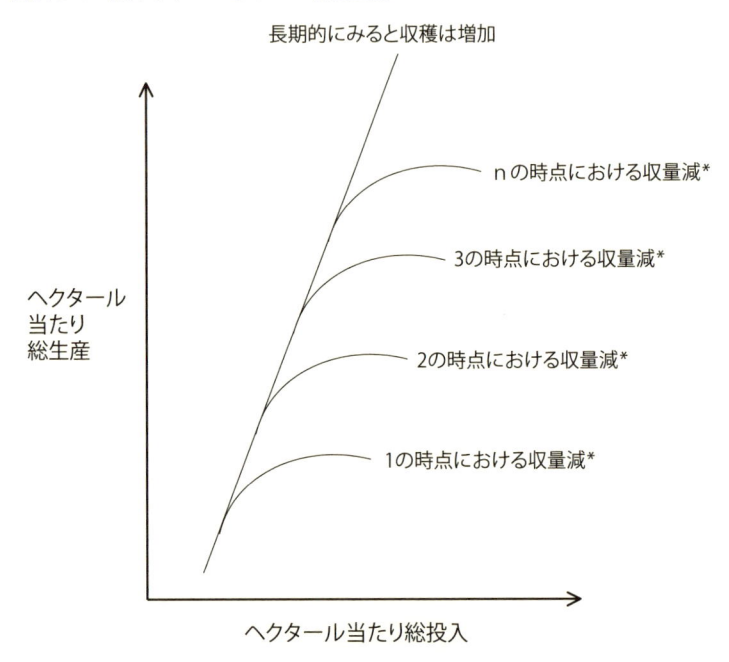

＊）原図表では、t=1、t = 2、… t = n として表示されている。この 't' は時間における特定の瞬間（ただし連続的）と異なった技術パターンの両者の意味を含んでいる。t=1 の時点における生産制約要因を特定し除去すると、t=2 の段階に移行する。同時に、技術パターンも変化している。この時間と技術の変化が相まって、前の時点よりも高い収量をもたらす。

　これらの論争が起こって以来、小農的農業が収穫逓減につながる道から逃れ、収穫逓増への道筋を創り出す能力を持つことが繰り返し示されてきた（例えば、西アフリカについてはリチャード［Richards 1985］を、もっと一般的な議論についてはネッティング［Netting 1993］を参照のこと）。にもかかわらず、農村研究の分野はいまだに収穫逓減の幽霊につきまとわれている（例えば、Warman 1976; Yingfeng Xu 1999; Barrett et al. 2001 を参照のこと）。

労働主導型集約化が阻まれるとき

　収穫増大の可能性（図表5.4を参照のこと）は、停滞、退行、さらにはインボリューションさえ起り得ないことを意味するものではない。その逆である。重要な点は、それら（停滞、退行など）は小農的農業に固有の特徴ではない、ということである。それらは、特定の政治経済的パターンと体制の結果として、小農的農業の特徴となるのである。

　停滞はさまざまな理由によって起こる。それは非常に不平等な交換関係の結果かもしれない。こうした状況は、小農が効用－苦痛バランスを再評価することを妨げる。なぜなら、すべての効用が他者に独り占めされているからである。それはまた次のような状況下でも起こり得る。水が奪われたときや（Vera Delgado 2011）、小農的農業がアパルトヘイト下の南アフリカのようにホームランド[v]に閉じ込められたとき、あるいは植民地期のインドネシア（そこではクリフォード・ギアツ［Clifford Geertz 1963］が農業インボリューションの理論を練り上げた）のように、小さな稲作地域が輸出志向のプランテーションに取り囲まれているときなどである。また退行は、農村の貧困の度合いが大きい場合、いつでもどこでも起こる。息子や娘たちが都市に逃れて、かばん運びをするか自身の体を売ることにしか希望を見出せないからだ。そうなると畑に堆肥を運んだり、家畜を世話したり、低湿地の水田の周りの水路を維持したりする人が、誰もいなくなる（セネガル、ガンビア、ギニア・ビサウで起こったように）。退行はまた、非常に父権的な社会でも起こる。そこでは母親が娘に「誰でも好きな人と結婚しなさい、ただし小農以外の人と」と語る（こうしたことは、例えばスペインのかなりの地域で見られ、そうした地域は今ではほぼ完全に放棄され砂漠化している）。

---

v)　人種差別政策の中で生み出された、隔離された居住区。学校や病院なども備わっていた。

　小農的農業はまた、どこであれ新しい資本集約的技術が大規模な企業型農場で導入され、こうした企業が同じ商品を作る小農経営を凌駕し市場から締め出してしまうとき、いつでも退行してしまう。これはとくに自由貿易協定が広がり、また環境へのダメージが考慮されないときに起こる。

　こうした形態のインボリューション、停滞または退行は、すべて農業問題の表れである。私たちが農業問題について語るのは、社会、生態系、農業に直接かかわる人びとの利害や展望と、農業のやり方（農業部門の具体的な組織）との関係がバランスを失ったときである。上述の事例の中では、小農が貧困を経験する一方で、社会はそれが必要とする余分の食料を受け取っていない（それは資本蓄積のプロセスをも阻害するかもしれない）。1917 年にチャヤノフは「農業問題とはいったい何か」（“*Čto takoe agrarnij vopros?*”）という重要なエッセイで、農業問題の出現を社会的生産関係が組織される仕方と結びつけて論じている（Chayanov 1988: 131-72）。これはもうひとつの重要な結論につながる。すなわち農業（農地）改革は、必然的にこれらの諸関係を徹底的に再編するという結論が、それである。農業（農地）改革は単なる土地の分配に還元することは決してできない（チャヤノフが、「耕作者に土地を」といったポピュリスト的スローガン（それはラテンアメリカで後に重要な役割を果たしたが）を拒否していることは印象深い）。農業（農地）改革は「農業における最大の労働生産性」「国民所得の民主的な再分配（おそらく偏った都市農村関係を正すことを意味しているのだろう）」を目指す必要があり（ibid.: 142）、最終的には「農地の一片（1 デシャチーナ）たりとも種を播かずに残されたり、家畜一頭たりとも世話をされずに屠殺されたりすること」を避ける必要がある（ibid.: 158）。農業（農地）改革は土地の社会化を意味する（ibid.: 156）。それは、ある種の「啓蒙的絶対主義」（レーニン主義やスターリン主義への、そうした概念が存在する以前に行われた鋭い批判である）を通しては実現され得ず、「民主的に選出された地域の評議会がかかわることの結果として」生じる（ibid.: 164）。「そうして初めて国民国家の建設と発展への満足な貢献が果たされる」のだ（ibid.: 172）。

何が労働主導型集約化を促進させるのか

　この質問に対する答えは単純である。小農が所得増加を追求すること、具体的には労働所得を改善するための追加の付加価値を追求することによって、集

約化は推進される（Hayami 1978、第二章も参照のこと）。小農がさらなる改善を
強く願う場合、そしてその願望が不利な社会関係に妨害されない場合は、いつ
でもどこでも、この集約化は生産量の増加をもたらし、また逆に生産量の増加
を通して実現される。これは、チャヤノフによって提起された根本的な論点
のひとつである。彼はまた、この相互関係を実証的に論じた（例えば Chayanov
1966: 99 とくに表 3-13 を見よ）。もし家族内により多くの「働き手」（労働－消費バ
ランスに鑑みて）がいれば、そしてもし、より多くの「働き手一人当たりの固
定資本」（資本形成と、その基礎となる効用－苦痛バランスに鑑みて）があれば、「家
族の総所得」も増加する。なぜなら「家族の中のより多くの働き手」と「働き
手一人当たりのより多くの資本」は「消費者一人当たりの播種面積」の増加に
つながり、ひいては生産量の増加につながるからである（もし利用できる余分な
土地がないとすれば、これは単収増加を達成するための集約化につながる）。要するに、
食料生産の増加は小農の解放を人類全体の進歩と結びつけており、まさにこの
結びつきこそが農業の歴史を形作ってきたのである。

　今日では、過去と同様に、小農家族の（労働）所得がかなり押さえつけられ
ている多くの状況がある。これはさまざまな理由によっている。コスト上昇
と作物価格の下落、市場へのアクセスの欠如、重税などたくさんの理由があ
る。そうした状況下では、所得向上の模索は多面的な社会的闘争の一部となる。
「農民家族は、その力の範囲内で、その自然的、歴史的位置や、周囲にある市
場の状況などのすべての機会を活用する」（Chayanov 1966: 120）。外部からの圧
力が家族農業の存続を脅かすときには、より多くの付加価値を求める行為は、
より広範な抵抗の一部となる。

集約化と農業諸科学の役割

　農業の成長と農業諸科学の相互関係を説明するのに使われ得る基本的な語り
には、二つある。支配的な物語は、農業の動態（とりわけ生産性の継続的な上昇）
は本質的に、科学が農業の実践にもたらす不断のイノベーションによっている
というものである。こうした筋書きは、小農自身の役割をまったく無視する
わけではないにしても、非常に小さなものとして扱っている。このことは、農
業研究の経費（費用）と利益（便益）の割合を評価しようとするたくさんの研
究によく表れている。こうした研究は、農業生産性の向上をすべて単純に「便

益」として捉え、それを農業研究と技術開発にかかった「費用」と関連づける。こうした図式の中では小農は不在であり、彼らの努力から生まれる結果も、ひとえに農業諸科学の成果ということにされてしまう。

　私たちが見い出すことができるもうひとつの語りは、一番目の語りとは正反対のものである。それは一番目のものほど洗練されておらず、より未発達の語りであって、農業系の大学、農業関連の産業や政府機関などからは支持を受けていない。それにもかかわらず、そのルーツや表現は至るところに見出すことができる。チャヤノフの『社会農学』（1924）はその重要な一例である。社会農学の見取り図を描くにあたって、チャヤノフは、農業実践に深く関与していたイタリアのビッツォツェロ（Bizzozzero）のような農学者の仕事に依拠した。その後まもなく、少なくとも第二次世界大戦の勃発までは、社会農学はとくにヨーロッパにおいて、他の学者たちのひとつの評価基準となった。戦後は、アメリカ流の農業諸科学が支配的になって、社会農学は実践としても評価基準としても消えてしまった。最近になってようやく、こうした実践が復活しつつあり、その今日的意義が再発見されつつある[vi]。

　この二番目の語りは、基本的に、農業における更新のほとんどは農業実践から生まれてくると論じている。それは農場を、イノベーションが行きつく最終目的地としてではなく、イノベーションの主たる起源地として見ている。目新しい生産方法は新しい洞察、実践、人工物、そして技術を生み出す。これらのうち一部が研究機関によって取り上げられ、研究機関がそれをさらに発展させ普及させる。「新奇なもの」が改善されてより広い範囲に流通するという意味では、それは「友好的」なプロセスかもしれない。それはまた「敵対的」な乗っ取りにもなり得て、そこから少数のものが選ばれて私物化され、それを最初に始めた人以外の者の利益になるようなやり方で作り直され、特許化され、新奇なものの使用できない部分は抑圧され無視されてしまう。

　多くの研究が、小農が新奇なものの主たる生産者であるというこの筋書きを支持している。こうした語りは小農と研究機関の相互作用を強調している。ポール・エンゲル（Paul Engel 1997）は、オランダの普及員からオランダの農民に伝えられた革新的なアイデアの源泉について検討した。その研究によると、アイデアの40％は先駆的な農民による新奇な実践に直接由来するものだっ

vi)　現在のイタリアでは、社会的農業（agricoltura sociale）という言葉が日本でいう園芸療法や農福連携にあたる実践に対して使われている。

た。もう 40％はほかの普及員に由来していたが、彼ら自身はその新しいアイデアのほとんどを農民から得ていた。研究所などに直接由来するものはわずか 20％しかなかった。

　ファイフェルベルグ（Vijverberg 1996）は、オランダにおける園芸学的研究の発展過程を研究し、二つのイノベーションを区別した。園芸家によって提案されたか、あるいはその実践に由来するイノベーションと、研究者によって提案されたか一般の科学もしくは他の経済部門に由来するイノベーションの二つである。前者のカテゴリーに属するものは積極的に広く受け入れられたが、後者のタイプはしばしば失敗に終わった。実践とのミスマッチが頻発した。新しい技術や装置が、園芸家の問題意識の地平にマッチしなかったのである。つまり、農民が栽培を行う諸条件、彼らの関心や展望、彼らの労働過程が構造化されている特有の仕方に合わなかったのである。

　ファイフェルベルグと同様の見解は、より一般化された形で、マゾワイエとルダール（Mazoyer and Roudart 2006: 398）にも見られる。農業の変化のそれぞれに異なる歴史的な軌跡を検討した後、彼らは次のように結論した。

> 技術者や実践家自身の豊富な経験や積極的な参加に頼ることなしに、いかなる機械も、生産物も、手順もデザインし開発することはできない。イノベーションの連鎖が適切に機能するためには、あらゆるレベルの研究者、教師、学生が実践を近しく知り、その制限要因とそこに不足しているものを知っていることが必要である。そうでなければ、多くの新しい発明は不適切なままに終わり、受け入れられず、資源の途方もない浪費となる。

　こうした歴史的な教訓にもかかわらず、現場の実践者の経験、見方、関心そして展望は、あまりにもしばしば無視されてきた。農業関連産業の利益がイノベーションの基本設計を規定するための枠組みとなるときは、とくにそうである。このことは、前途有望だった別の選択肢がとん挫することにつながったり、農業の成長と発展を大きく歪めたりすることにもなり得る。

　多くの否定的な経験や、前途有望な他の選択肢の存在にもかかわらず、際立った孤立の中で動いている農業諸科学は、依然として支配的な言説の中で中心的な位置を占めている（そして利用可能な資源の不当に大きな部分を要求し続けている）。そうした支配を支えている柱のひとつが、科学と資本だけが 2050 年の

世界で必要となる食料を供給できるという主張である。これについては本章の最後でもう一度触れることにする。農業諸科学の中心的地位を維持する言説を強く支えるものとして、ほかに三つの要素がある。それは化学肥料の発明（とそれに関連する「農業の化学化」（Mazoyer and Roudart 2006: 376））、農業の機械化、そして高収量性品種の開発である。[7]これらは明らかに、農業生産性の進展に大きな長続きする飛躍をもたらし、それは農民たちが決して自分自身では作り出すことができなかったものだと一般に考えられている。この三つの例は、農業諸科学の持つ巨大な力と潜在力の証拠として利用されている。

　一番目の要素に関しては、フォン・リービッヒが化学的な肥沃化の原理を発見するずっと前から、農民は何世代にもわたって土壌の肥沃度を改善してきたことを認識することが重要である。「休閑（それは土壌肥沃度を盛んに再生する）を行わない農業は、一人の農学者も生み出すことなしに、15世紀からフランダース、ブラバントやアルトワで実践されてきた」（Mazoyer and Roudart 2006: 347）。チェンバースとミンゲイ（Chambers and Mingay 1966: 2）によれば、イギリスでの農業革命（1750-1880年は農業生産が増加し、1801年には1世紀前より650万人多い人口を食べさせることができるようになった）は「［外来の］イノベーションの結果であったわけではない」。

　　イングランドの農業が革命を経験したと言い得るとすれば、それは技術革新に基づくものではなかった。あちこちで見られた逆流する渦巻きを例外として、イングランドを席巻したといわれる「機械装置の波」は19世紀に入るまで通り過ぎていっただけだった。……早くも1800年には、イギリスの農民と地主は人類史でかつてないほどの規模で土壌の潜在力を引き出すという偉業を達成していた（ibid.: 3）。

　その偉業は

　　輪栽式農業（convertible agriculture）の発展とともに始まった。輪栽式農業とは、耕地を恒久的な畑と恒久的な草地とに分けてしまう昔の方式の代わりに（この方式では両方とも肥沃度が落ちてしまう）、畑と草地とを相互に転換するやり方である。この輪栽式農業には飼料作物の栽培が含まれている。つまり、耕地の一部を一時的に牧草地にし、クローバー、イガマ

メ（sanfoin）、アルファルファなどのマメ科作物を播いて土壌肥沃度を高め、同時に干し草用の作物を大量に収穫する。このため、その後に続いて作付される畑作物は二重の恩恵を受けることになる。つまり、厩肥の供給の増加と、飼料作物による窒素固定を通した自然の肥沃度の強化とである。17世紀の後半に、カブが畑作物のレパートリーとして導入されると、厩肥の投入を増やし綿密に除草することが必要となり、新しい土地利用形態（とくにそれまで粗放的な放牧にしか適さなかった軽鬆土（light soil）に適合した土地利用）への基礎が築かれた（ibid.: 4）。

　土壌肥沃度を再生し増加するための方法は、絶えず新しいものが開発されてきた。例えば、グアノ（ペルーとチリの沿岸部に蓄積した海鳥の糞便）の導入は大きな役割を果たした。とりわけ第一次大戦後、爆薬を作っていた企業が化学肥料の製造に転換したときに、グアノに引き続いて化学肥料が導入されるようになった。当初は、小農は持てる知識を使って化学肥料の使用をほかの利用可能な方法（例えば、土壌本来の窒素供給力を引き出すような、よくできた堆肥と耕作技術）と組み合わせようとした。こうした土壌肥沃度を保つ方法がもたらした好ましい成果を、化学肥料の多投入によって抑え込むようになってしまったのは、ずっと後のことである。入念な堆肥の生産（それは多くの労働力を必要とした上、なりふりかまわぬ規模拡大の探求の中では時代遅れとなった）は放棄され、家畜の糞はゴミとなり、それをできるだけ素早く除去するように新しい技術がデザインされた（後に、より汚染が少なく環境に優しいメカニズムが開発されなければならなかった）。
　まとめると、化学肥料が、農民の知識体系に対する農学の絶対的優越性を示しているかのように言うのはまやかしである。真実は別のところにある。堆肥のような潜在的に高い価値を持つ資源を失うのは悲劇であり、農学は化学肥料だけに至る道を整備することによって、そうした損失に多大の貢献をした。堆肥、土壌生物相、中央アメリカのミルパ（milpa）のような混作農法、相互に補い合う複数作物の間作、クローバーなどの緑肥、立派な堆肥を作るための在来

---

vii）　砂質の土や火山灰などの軽くてさらさらした土壌のこと。
viii）　ミルパとは、メソアメリカ地帯における伝統的な統合的農業システムで、そこではトウモロコシを中心に、カボチャ、マメ、ハーブ類など複数の作物を同時に間作することが多い。安定的で高い生産性と高い土壌保全効果などの環境調和性が注目されている。

130

の方法といったものが無視され、最終的には「奇怪なもの」とすら見なされるようになることで、化学肥料は強力になり、説得力を持つようになり、なくてはならないものとなった。

Box 5.4　ユストス・フォン・リービッヒの貢献

　人びとは何千年もの間、さまざまな方法を使って農地を肥やしてきた（Hofstee 1985; Netting 1993: 43）。例えば堆肥の使用、輪作の採用、クローバーの導入、深層部の肥沃な土壌の反転（表層部への取り出し）、チリやペルーからヨーロッパへのグアノの輸送、などである。弾道や航海の基礎となる原理の多くが十分に理解されていなかったのと同様、これらの実践に関して必ずしも適切な科学的理解がなされていたわけではなかった（Box 5.1 を参照）。「原科学者」とでもいうべきテーヤ（Thaer）やブサンゴー（Bousignault）は、これらの実践から重要な洞察を引き出し、腐植に関する理論（土壌中の有機物の重要性）や、植物がその組成要素の多くを大気中（とくに二酸化炭素）から得るというきわめて重大な認識を打ち立てた。リービッヒはこうした認識をさらに一歩進め、植物の成長はミネラル（無機物）とくに窒素、リン、カリに決定的に依存していることを示唆し、かつ立証した。彼はまた最小律の法則を定式化し、そこでは成長要因（いろいろなミネラルの存在など）が不ぞろいの樽の側板として描かれた（図表 5.1 を参照のこと）。いちばん短い側板が樽の中の水位、つまり作物の単収を決めることになる。

　筆者はリービッヒの貢献の重要性を控えめに述べようとは思わない。その逆である。筆者が強調したいのは、彼の発見と、その 70 年後に起こった化学肥料の製造と応用は、どちらも農業実践との相互作用によって初めて可能になったことである。施肥が重要だというすでに広がっていた認識なしには、また多くの変化に富んだ施肥の実践や多くの「原科学者」の仕事なしには、リービッヒの仕事は不可能だったであろう。そしてまた、その後、ミネラル（とくに窒素）をよく吸収する新品種を開発した植物の育種家（そのほとんどは農民、後には農民の技術と実践に基礎を持つ専門家）がいなければ、リービッヒの発見も役に立たないままに終わったであろう。化学肥料が利用できるようになったとき、農民が手持ちの方法で依拠し、別のやり方でやっていく道筋はたくさんあった。とりわけ、農業実践の上に直接築かれ、土壌微生物学が重要な役割を果たすようなアプローチがそうだった。イギリスのローサムステッドは、そうしたアプローチの実行可能性を探求していた重要な中心地であった。こうした可能性を阻み、化学肥料を主役に押し上げるのにはもうひとつの世界大戦を経ねばならかったという事実は興味深い。

　農業のモータリゼーション（マゾワイエとルダール［Mazoyer and Roudart 2006］が
トラクターの導入と普及を指して使った用語）は、農業生産性の発展過程の中でも
うひとつの大きな躍進を代表していた。このモータリゼーションのプロセスと
関連した非常に多くの機械的装置が農民自身によってデザインされ、組み立て
られた。農民によって開発された装置が、しばしば産業的に製造された装置と
は大きく異なる設計原理を体現していたことは、多くのことを物語る。例えば、
科学者もしくは産業界の実験室で開発された除草技術は、必要とする労働量の
削減を目的としているのに対して、農民によって設計された除草技術はできる
限り既存の労働力を活用するという前提に基づいている。この違いは非常に対
照的な機械とそれに付随する投入財を作り出しただけでなく、大幅に異なる技
術間の代替曲線と新しい製品の品質を生み出すことにもつながった。
　支配的な農業の言説は、モータリゼーションを「大きいことはいいことだ」
という認識と結びつけた。そのことは、農業技術関連産業の絶えざる「軍拡
競争」につながった。しかしながら、いちばん重くてパワフルなトラクターは、
多くの場合、決してベストなものではない。「イタリア型アペ（Italian Ape）」[8]（20
馬力の軽いモーターがついた三輪車）の開発[ix]は、重量級のトラクターよりはるか
にイタリア農業の発展に貢献した。それは、農民が収穫物を家まで運ぶのに役
立っただけでなく、教会のミサや市場や地域の酒場に妻と行くのに使うことも
できた。
　最後に、緑の革命の文脈で開発された高収量性品種のケースがある。毎年少
しずつ、しかし着実に起こる単収の増加とは対照的に、農業技術者はしばしば、
大躍進と見えるような急激でかなりの量の単収増加を目指す。しかし、ベネッ
ト（Bennett 1982）が指摘したように、こうした飛躍は例えば10年後に、「伝統
的な」品種の単収が「改良された」品種の単収を上回り、追い越されることに
なるかもしれない。急激な飛躍の後、「改良」品種の単収はしばしば頭打ちと
なり、ゆっくりと減少することさえある。こうした現象は、緑の革命の核心に
あった多くの高収量性品種に起こった。多くの専門家によれば、今日、こうし
た品種は「疲れ切った」状態にある。同様のエピソードは、家畜の生産におい
ても見られる。ヨーロッパの乳牛品種において進められた「ホルスタイン化」
は、一頭当たりの牛乳生産量に飛躍的な上昇をもたらしたので、伝統的な群れ

---

ix)　日本でも淡路島三原平野の「農民車」と呼ばれる牽引車は4輪ながら、このイタリア型
　　アペと同じ発想に立つ農民的技術である。

の規模が大幅に小さくなった。しかし20年がたつと、頑固に（例えば）フリージアン種を育成し続けてきた農家が、ホルスタインと同等か、ときにはむしろ上回るような乳量を達成するようになった。

技術開発に対する緑の革命的なアプローチは、相互に依存しあう部分的な変化という、さまざまな構成要素を、ほとんど常に抱え込んでいる。それは次のようなものを含む。農業の空間的ならびに時間的側面への調整、作物や家畜の基本構造における大きな変化、内部資源（やそれに関連した農業の実践）を、外部由来の投入財や画一化された圃場・作業・規範・パラメーターなどに置き換えることなどである。例えば、牛の群れのホルスタイン化は、時間的なリズムに大きな変化をもたらす。かつては個体の生産寿命が尽きるまで長期にわたって行われてきた牛乳の生産が、今や数年に集中するものとなってしまった。これには代償が伴った。牛の寿命が大幅に短くなり、皮肉なことに、（例えば5年間で）同じ量の牛乳を生産するのに、以前より多くの乳牛を必要とするようになったのである。

農業でもほかの分野でも、生産力を開発するのに科学は重要な役割を果たしている（Bernstein 2016b）。チャヤノフはこの点において明快であった。しかし、農業諸科学が、その定義上当たり前のように、生産諸力を開発するのに貢献するとか、科学がそうした開発をするのに唯一の力だと主張することはできない。事実はより一層複雑である。（上に述べたような）農業諸科学の歴史における重要なエピソードを注意深く検討すれば、［科学が生産を発展させるとした：訳者補充］「最初の語り」で示されたものより現実はずっと曖昧であることが分かる。こうした開発のいくつかには代償が伴い、私たちはいまだにその対価を支払っている。農民の知識体系に対する農業諸科学の支配権が主張されている限り、この代償が顧みられることはない。

農民の新奇なものに対する探究と、科学的研究との間の、自発的で十分に支持された相互作用は、農業の成長と発展の強力な推進力となり得る。その多くの実例を歴史の中に見ることができる。チャヤノフによって練り上げられた社会農学の提案や、現在のアグロエコロジー運動（Altieri et al. 2011）などは、そのうちのひとつにすぎない。しかし、農業研究と理論構築が制度の中に組み込ま

---

x）「フリジア人」も「フリージアン種」も、英語ではどちらも Friesland の形容詞形である 'Frisian' を用いる。第3章でもフリジア人の乳牛飼育に言及しているが、このことは、著者がフリースランド出身（高校卒業まで）であることを反映しているかもしれない。

れることは、それらがすでに「帝国の科学」(Scott 1998) の構成要素になってしまったことを意味している。科学は解決策を与えると自ら主張するが、しかし、科学が農業を科学法則の純粋な適用対象として単純化し、農業実践を画一化し、予測し、数量化し、計画し、統制しようとするときには帝国化してしまうのだ。そうすることによって、科学は、農業を外部の処方箋や統制に従わせて、食の帝国が農業を従属させる道を地ならしする (Vanloqueren and Baret 2009)。

　帝国の科学の典型的な特徴は、それが新しい人工物の構築を通して農業生産性をあげようとすることである。それらは外部資源の形をとり、すでに利用可能な資源に追加されるか、取って代わる。これとは対照的に、古典的な農学は、今日のアグロエコロジーと同様に、典型的には内部資源の改善に注目する。化学肥料と堆肥の改善との対立——これは現在農業諸科学を分断している矛盾を例証している。動物の排せつ物を「よく熟成した」堆肥に転換すること（*在地の技法*のきわめて重要な部分）は、帝国の科学にとっては多種多様でありすぎる。というのは堆肥の作り方は場所ごとに違うからである。堆肥への転換は、予測不可能でとても変わりやすい多くの要素に依存しているから、たいへんに気まぐれなものでもある。堆肥は、離れたところから制御できるようなものではない。土壌とその生物相、間作、緑肥、家畜の育種に用いられるメスの系統、地下水の流れや、生きている自然のほかの多くの側面についても、同じことが当てはまる。こうしたほかの例と同様に、堆肥は商品ではない。それは販売するために生産されるのではない。だから、堆肥に対してアグリビジネスが関心を持つことはない。

　帝国の科学は、商品化のプロセスを促進し、外部のコントロールを許すような道具を作り出す。このように、帝国の科学の成長と影響力と、食の帝国の成長と影響力の間には、構造的な並行関係があり、両者は常に互いに補強し、お互いを再生産しあっている。帝国の科学が支配的になるところではいつでもどこでも、生産力の発展に対するその貢献は二の次となる。その代わり、統制の導入、拡張、強化に主な焦点が当てられる（遺伝子組み換え体の場合にはっきりと示されているように）。現在の農業諸科学はまた化石エネルギーの使用量の増加を偏重し、同様に、典型的な研究試験場で見い出されるような「最適条件」（例えば平らで肥沃な土地、大面積の圃場、無尽蔵の水、エネルギー、資本、そのほかの物的投入財）を過剰に重視している。このことは、最適ではない条件下ではよく機能しないような技術の開発につながる。そのことはまた条件不利地

の周縁化をさらに推し進める可能性が非常に高い。これに加えて、ストゥープ
(Stoop 2011: 453) は次のように指摘している。

> 育種プログラムは、植物の土より下の部分と上の部分、つまり根と樹冠と
> の間の相互依存性に関連する重要で複雑なプロセスの全体を無視している。
> 同様に、農学研究は多くの場合、土壌と植物の根との間のさまざまな相互
> 作用の微生物学的でダイナミックな側面を無視してきた。

　要約すれば、農学に関するかなり違った見解があり (Sumberg and Thompson
2012 を参照のこと)、農業諸科学は多分こうした意見の対立から自由であること
はできない (Sumberg et al. 2013)。

小農は世界の人口を養うことができるのか？

　この問いに対する答えもまた、チャヤノフの議論がすでに主な要因を明らか
にしているため、比較的短いものになる。第2章で示したように、小農的農業
は資本が行けないところに入り込むことができる (この点で小農的農業は、ラウ
ル・パス (Raul Paz 2006) の表現を借りれば「嫌気性」のものである)。それはペルー
やボリビアのアルティプラーノと呼ばれる高原にも、ほかの地域の険しい斜面
や湿地にも、西アフリカのボラーニャ (bolanhas)[xi] やポルトガルの荒れ地である
バルディオス (baldios) にも進出する。そうした地域では、耕作の費用が高く
つきすぎて平均的な収益すら資本にもたらすことができないため、資本にとっ
て魅力的ではない。世界の広い地域が、このカテゴリーに当てはまる。そうし
た土地の多くは粗放的な牧草地として使われており、とくに牛を飼うのに適し
ている。産業的な穀物 - 油糧種子 - 家畜複合体 (Weis 2007; 2010) の庇護のもと
で、牛の飼育およびミルクと肉の生産はフィードロット (肥育場) で行われる
ようになり、そこでは肥沃な農地で栽培された大豆とトウモロコシがエサとし
て与えられている。増加する人口を養うための穀物を生産する農地がますます
必要となっている世界において、これは滑稽で永続不可能な状況である。要す
るに、資本主義的農業は分業のための非生産的な空間パターンを引き起こす一

---

xi)　西アフリカ沿岸部の低湿地帯に作られる水田のこと。

方で、同時に土地を劣化させる。他方で、小農的農業ではそうした歪みはほとんどない。

第二に、チャヤノフは、資本形成においても小農的農業は強力であると論じている。農地単位面積当たりの投資は、資本主義的農業よりも小農的農業における方が大きくなる傾向がある（これについては後に 1960 年代からのカナダ国際開発庁（CIDA）の研究において明らかにされた）。これに三つ目の違いを付け加えることができる。つまり労働所得の最適化に対する利潤／利潤率の最大化という、異なるタイプの経営がそれぞれに目指すきわめて対照的な目的である。その結果として、資本主義的農業よりも小農的農業の単収の方がしばしば高くなることが生じるのである。

こうした「古典的な」構成要素に、いくつかほかの要素（現在の状況の中でますます明らかになりつつある要素）を追加することができる。四つ目の要因は、小農的農業はほかのタイプの農業が入らないところに入り込むだけでなく、ほかの形態の農業が去った後でも居続けることである（Johnson 2004）。このことは市場がますます不安定になっている現在、いっそう明確になってきた。市場の不安定性とは、市場価格が乱高下することを意味する。低価格は、とくに費用水準が比較的高く、短期的な調整が難しいときに、企業内でマイナスのキャッシュフローを引き起こす（図表 5.3 で 40%の価格下落が見込まれるとき、最初の柱に相当する小土地生産者はその悪影響を受けるだろうが、労働所得が低くなっても農業を続け得ることは、直ちに了解できる。対照的に、四番目の柱に属する人たちは、資本投資に対してマイナスの収益しか得られない）。そこで、資本主義的農場は閉鎖するか一時的に操業を停止することになるだろう（こうした現象は、世界のほとんどの地域で共通して見られる）。他方で、小農経営はしばしば農業以外の経済活動にも従事している（第 6 章ではこのことを多面的機能性として論じる）。農外収入のおかげで、小農は農産物価格が低い期間を生き延びることができる。つまり、小農経営は、資本主義的農企業よりはるかに高い耐久力を持っている。

五番目に、小農が発展させてきた「在地の技法」（Box 5.2 を参照のこと）のおかげで、小農経営は、地域の条件に最もうまく適する資源の組み合わせを実現する上で、はるかに大きな能力を持っている。地域の生態系について詳細な知識を持ち（コンクリン〔Conklin〕の 1957 年の研究はこの点でいまだに画期的である）、自分の畑、入手できる種子、そして個々の家畜について通じているおかげで、小農は地域の事情に最も適した解決策を見つけることができる。資本主

義的農場の管理者は、この種の広い見方や深い知識を欠いている。彼らは必要に迫られて科学的な図式にのっとって運営するが、本来そうした図式は規格化されており、地域の細部を体系的に粗雑なものとして捉える[9]。こうしたやり方は、高水準の無駄な排出やそのほか諸々の損失をもたらし、資源の有効利用には到底及ばない。

六番目の構成要素は五番目の要素の上に築かれる。それは新奇なものの生産であり、それにより、小農的農業はそれ自身の基盤となる資源を発展させることができる。小農経営や圃場に存在する多様性を考えると、六番目の要素はとくに重要である（例えば Brush et al. 1981 を参照のこと）。

五番目と六番目の要素は、七番目の要素に合流する。それは、ほとんどの場合、小農的農業が資本主義的農業より永続的だという事実である。小農的農業は地域の生態系により深く根ざし（第3章の共生産の議論を参照のこと）、そのため旱魃などの出来事に対してもより耐久力に富む。化石燃料に依存する度合いもより少ない（Ventura 1995; Netting 1993: 123-145）。家畜は多くの場合、より長生きで、追加的な相乗効果をもたらす間作が行われる（残渣はしばしば再利用される）。それは気候変動の回避に役立ち（Altieri and Koohafkan 2008）、そして最後に、水の損失を最小限にしようとする（Dries 2002）。したがって、世界の人びとに食料を提供するという大きな課題に対峙するのに、小農的農業はよく準備ができているだけでなく、こうした「新しい欠乏」と気候変動に取り組む上で多大の貢献をなし得る。それはまた、資本主義的農企業や都会が供給できるより[10]はるかに多くの、生産的で社会的・個人的にも意味のある雇用を生み出す。最後に、小農的農業は誇りを持てる仕事と生活を創造する助けになる。

過去30年以上の間、筆者は折に触れてイタリアやオランダの研究者とイタリアのパルマで調査を行い、小農的経営のグループと企業的経営のグループ（その営農スタイルは資本主義的企業体に近い）の生産活動を記録してきた。どちらのグループも酪農に特化していて、同じような条件のもとで営農していた。図表5.5を作るにあたり、各グループの特性（経営規模、労働投入、投資、技術的効率性、牛の飼育密度と寿命、1頭当たりの乳量、ヘクタール当たりの全体の生産水準における違い）を1,000ヘクタール規模の仮想の経営体に置き換え、二つのグループの対照的な経営のあり方を比較した。図表5.5は、二つの対照的なアプローチのもとで生み出される全体の生産額を示している。

その違いは顕著である。1971年に、小農的農場経営は企業的農場経営より

図表 5.5　イタリア・パルマにおける企業的農業と小農的農業

総生産額	企業経営	小農経営
1971 年 （単位：100 万リラ）	735	844 （+15%）
1979 年 （同上）	2,845	3,872 （+36%）
1999 年 （同上）	8,235	12,815 （+56%）
2009 年 （単位：100 万ユーロ）	5.4	10.7 （+98%）

15%多く産出した。この違いは年を追うごとに徐々に拡大した。1999 年に、小農の生産額は 56%多くなり、2009 年までにその差はほぼ 2 倍にも膨らんだ（その理由のいく分かは多くの企業的経営が活動停止してしまったことである）[11]。

　こうした違いは、さまざまな細かな事実から生まれてきたものである。そのひとつひとつは些細な事柄（例えば牛の寿命や生産性、草地の生産性など）にすぎないため、ほとんどの場合気づかれない。しかし、それらが一緒になると大きな違いを引き起こす。企業的モデルの農場は、ほとんどの場合小農的な生産単位よりも大きい。それらはより強い印象を与え、より機械化されており、そうした徴候はしばしば「より力強く」「より競争力がある」と理解される。しかし、そうした外見は当てにならない。ひとつの企業家的企業体はひとつの小農経営よりも多く生産するが、小農によって使われる 1,000 ヘクタールの土地は、企業的あるいは資本主義的農場が使う同じ 1,000 ヘクタールの土地よりもはるかに多くを生産するのである。

　小農は世界人口を養うことができるのだろうか。もちろん可能だ。そして、食の帝国に現在吸い上げられている付加価値の量を削減することができれば、小農はさらに多くを生産できるだろう（Polanyi 1957; Friedmann 2004）。もし小農経営で生産された価値からこれらの帝国が横取りする分がもっと少なかったら（あるいはまったくなかったら）、また小農がいちばん良い耕地にもっと多くアクセスできるようになっていたら、小農の労働所得は増加し、もっと多くの資本形成とさらなる発展と成長につながっていただろう。チャヤノフが提案した社会農学に例証されるように、もし農業諸科学に埋め込まれた偏見が修正され、

科学が世界の小農と適切なやり方で関係づけられていれば、その答えはより肯定的なものになっただろう。

●原註

1) ロシア語のタイトルでは「労働経営 (labour farm)」という言葉を使っている。これに先立つ草稿は、小農経営 (peasant farm) から労働経営へと土壇場で書き換えられたことを暗示している。これは多分、後年チャヤノフの悲劇的な追放と死につながることになる論争と政治的緊張を反映したものではないかと思われる。不幸にも、歴史はそれに関する記憶を留めていないように見える。何十年か経った後に、ブラジルの軍事政権が (1970年代初めから) 小農という言葉を公式に禁止した。そのことは人びとに、同じ軍事政権によって容赦なく弾圧された小農同盟 (Legas Camponesas) のことを否応なしに思い起こさせた。

2) この観察は、1930年代から40年代にかけて北西ヨーロッパやその植民地の一部で発展した社会農学の不可欠な原則のひとつであった。それは、自然との共生産や共進化のプロセスの中で、社会的側面と農学的側面がいかにして合流するかを理解するのに役立った (チャヤノフに大きな影響を受けたティンマー (Timmer 1949) やフリース (Vries 1931) を参照のこと)。こうして社会科学と農学をひとつの「社会農学」に統合することは理論的に可能なのである。現在では、アグロエコロジーがこの路線の後継でありさらなる発展であると考えられるだろう。

3) 図表5.1に含まれるイメージは、リービッヒ以来用いられているものである。これは人に教えるときにたいへん便利な図式である。ただし、特定の成長要素間の多種多様な相互作用や相乗効果は、この図では説明されていない。

4) 新奇なものの与えるインパクトは、X効率という概念を通して表現されてきた (Yotopoulos 1974)。X効率は、利用可能な生産要素と技術により説明されるものを凌ぐ結果を生み出すような、優勢な経済パフォーマンスを表している。X効率は「未知の部分」である (だからXと呼ばれる)。新奇なものはX効率を生み出すための決め手となる要因である。それは経済パフォーマンスを向上させ、フロンティア生産関数を上方に押し上げる (Timmer 1970) とともに、「実体のない技術変化」 ("disembodied technological change") においても決定的な役割を果たす (Salter 1966)。

5) これは、緑の革命の主役となった非感光性で短程の品種とは重要な対比を示している。緑の革命において、またそれにより定義された「近代的」稲作とは、太陽エネルギーと人間の労働から離れ、化学肥料という形で化石エネルギーを大量に消費する方向に舵を切ることだった。これに対してSRI農法は再び土壌生物、太陽エネルギー、そしてローカルな知識を基盤に成り立っている。

6) ここで重要な必要条件となるのは、小農が20ユーロ相当の投入財を買う資力があること、作物がよく成長するような気象条件であること、より力のある他者によって自分の灌漑用水が奪われたりしないこと、である。

7) これらの三つの例は、マゾワイエとルダール (Mazoyer and Roudart 2006: 375) が「近代における第二の農業革命」と呼んだものの主要なメカニズムに対応している。それは動力化と機械化、合成肥料、種子の選抜である (ibid.: 375ff.)。

8) Ape とはハチという意味である（ちょうど都市の移動性の象徴である Vespa〔イタリアの
スクーターの商標名〕がスズメバチを意味するように）。

9) 典型的な例は、標準化された量（例えば 1 ha 当たり 400 kg の窒素など）の施肥と、土
壌肥沃度の違いに応じて量を変える施肥との対比である。

10) ここで筆者が言っているのは、農業が資本主義に基づいて再組織化されるときに
生み出される農村部の過剰人口を、都会が十分に吸収することはできないというこ
とである。

11) こうした違いはしばしば隠蔽されている。パルマ県の酪農の特徴は、それがパル
メザンチーズの生産と結びついていることである。そのためサイレージは使わない。
このことは、すべての（あるいはほとんどすべての）粗飼料（牧草と干し草）が実際に
農場の内部で生産されることを意味する。1 ヘクタール当たりの牛の頭数が大きく
変わることはあり得ない。これは、ほかの地域における酪農との基本的な違いであ
る。ほかの地域では、集約度はしばしばよそからもたらされる飼料や株の関数とな
る。例えば、オランダは 200 万ヘクタールの農地を持つ。しかし、オランダ農業は
その国境の外で 1,600 万ヘクタールの土地を使用している。この土地はほとんど、オ
ランダに輸入されて家畜を養う飼料（とくに大豆とトウモロコシ）の生産に使われてい
る。

第**6**章

再小農化

　1978 年に、中国安徽省にある小さな村、小崗村（Xiaoigang）の小農たちは、もはや公社型体制に従って働き続けることはできないと合意した。人民公社体制は、彼らの生活を劣化させ、飢えだけしか見通せなかった。彼らはこのまま営農を続けるよりも、物乞いでもする方がましだと考えるに至った（Gulati and Fan 2007）。そこで、彼らは生産班の土地を個々の小農家族に任せ、それぞれの能力と必要性に応じて（つまり、それぞれの労働 – 消費バランスに応じて）、耕作させることを密かに決めた。とはいっても、そのことが農業分野の一部として国家とその発展に貢献すべきだという原則を拒むものではなかった。そのことは、彼らの主張を記した横断幕が明瞭に示していて、そこでは彼らが国家と集団のために喜んで尽くすつもりだと述べていた。しかしなお、「残ったものはすべて我われのもの」（Wu 1998）になったのである。それにかかわった 18 人の小農たちは、もしも誰かが殺されたり投獄されたりしたら、お互いに子供たちの面倒をみることを約束する秘密の契約書に署名していた。その契約内容は、子供たちが 18 歳になったら無効だとされていた点で、典型的な小農の論理に基づく。小農は決して不必要な出費を約束しない。

　こうして、大包干（da baogan、曖昧な表現だが、だいたいのところ「あなたとの大きな契約」と訳すことのできる表現）[1] が始まった。その取り組みは、最初は地方の党本部、後には鄧小平（Deng Xiao Ping）の介入と援助を経て、世帯生産請負責任制（生産責任制、Household Responsibility System, HRS）として知られるようになった。生産責任制（HRS）は、その導入と一般化に貢献した人たちからは、「制度的な革新」であり、「ミクロレベルの主体」を回復した「変革」として理解されている（Du 2006: 2; 11）。HRS は、国の政治舞台において中国の小農たちをもう一度目に見える存在にした。人民公社による国家統制型の農業経営は、複数の小農世帯による個別の意思決定に取って代わられたのである。

このような再小農化が大幅な農業生産の増大を生み出した。

　農業生産は1978年から1984年までの期間に調整済みの固定価格評価で42.2%も増えた。この増加のうちの46.9%は制度改革に帰することができ、32.2%は化学肥料の使用量の増加やその他の要因によるものである。農業生産におけるこの増加は、短期間のうちに、以前は大きな問題だった食料の不足を解決した。実に、1978年に2億5,000万人（総人口の30.7%）だった栄養不足人口は、1990年に2,150万人（同じく2.3%）へと減少したのである（Ye et al. 2010: 263-4; see also Deng 2009 and Li et al. 2012）。

　ネッティング（Netting 1993: 252）も、「人口一人当たりの所得は、農業生産の増加を上回る102%の伸びを示し、生活水準を示す指数として使われる平均床面積は従来の約3割上昇して13.41平方メートルに達した」とつけ加えている。
　2012年の春には、生産責任制の始まりとなった18人の集団のうち、まだ営農を続けていたイェン・ホンチャン（Yan Hongchang）とイェン・ジンチャン（Yan Jinchang）という二人の小農とじっくり話す機会を得た。彼らの説明の中で、収量問題は重要な役割を果たしている。彼らは次のように語った。

　あのころ、我われは300ムーを耕していたが、生産量はたった2万斤に[2)]届く程度だった。このうちの一部は種として使い、また一部は公的な利用のためにとって置き、最後に残ったものが我われの分になった。しかし、まったく足らなかった。20斤の種を蒔いて、わずか60斤しか取れなかったとしたら、どこかがおかしいからだ。我われはもっとうまくいくはずだと分かっていた。最初の農地改革（1951年）の後、私たちの両親は同じ土地でもっと多くの収穫をあげることができたし、1962年の非常時に我われはここでもっとたくさん獲れることを再認識した。ところが、〔1959年以降の〕人民公社体制（commune system）のもとでは総生産量が下がってしまった。この仕組みでは、農民の間には勤勉に働く意欲がなくなり、我われはがっかりしてしまった。家族を養うこともできなかったし、生きる意味を見出すこともできなかった。収穫が悪いと、我われは役立たずで罪悪感に包まれてしまうものだ。

小農として再度働き始めると、我われは高い収量をあげることができると気づいた。だから、国家に対して割り当てをはるかに上回る量を供出することさえした。というのは、国家から支持を得るために良い印象を与えたかったからである。意思決定する権利を持つことは我われにとって非常に重要だった。個人の動機づけは原動力になる。自分の土地を持つと、作物をもっと丁寧に世話をするようになる。このことは明白だ。農作業の目的は良い結果をもたらそうとすることだ（Hongchang and Jinchang, 同上（私信））。

　上記の二人のベテラン農民たちの記憶にもバランス感覚が垣間見える。彼らは筆者に農業では「与えれば手に入る」（同上）と説明してくれた。「苦痛」を味わった後には、「利益」があるものだ（苦痛と満足のバランスを示すに、これ以上の的確な記述はないだろう）。「努力をしたときだけ、畑は良い収穫を与えてくれて、そのときだけ利益を得ることができる」（同上）。一方、「努力の結果、利益を得られないなら、それは公正ではない」（同上）。もうひとつの重要なバランスは、1980 年代以降積極的に再構成されてきたもので、都市と農村との関係であり、（本書の第 4 章で述べたように）それは原則的に移動パターンに伸立ちされていた。（人びとは農村を離れるが、後に農業を続けるために戻ってくるという）中国における労働移動の循環的な性質は、小農的農業を弱めるどころか、むしろ強化している（Ploeg and Ye 2010）。

再小農化の過程とそのあらわれ方

　中国における集団的農業から小農的農業への転換は、重要ではあるものの、現代における再小農化傾向のほんの一例にすぎない。再小農化はきわめて多様な経過をたどり得る（Enriquez 2003; Rosset and Martínez-Torres 2012）。ほかの例としては、ブラジルの土地なし農民運動（Movimento dos Trabalhadores Sem Terra、MST）を挙げることができる。MST を通して 40 万以上の新しい小農が生まれた（Veltmeyer 1997）。ヴィクトル・トレド（Victor Toledo 2011）に従うと、アグロエコロジーの運動も再小農化として捉えることができる。同様な例は東欧でも見ることができる。東欧では、1990 年代の体制移行期から新しい小農層が出現し、新たな農業の構築に奮闘している（Spoor 2012）。同様に重要なのは、ビア・カンペシーナの興隆である。ビア・カンペシーナは斬新で誇り高い運動である。それは、

小農的農業が世界全体の農業において中心的な役割を取り戻す可能性と約束を予祝しているからだ (Desmarais 2002; Borras 2004)。ビア・カンペシーナの主要な社会政治的な闘いにおける役割と、国連食糧農業機関 (FAO) などの国際組織に対する粘り強い働きかけは、再小農化に向かう傾向の最も卓越した表れである。

　本書のような小さな本で、こうした再小農化の傾向と現れ方のすべてを論じ尽くすことはできないし、またその必然性もない。情報の多くは簡単に入手ができる。ただし、ひとつだけ例外を設けたい。それは西ヨーロッパにおける再小農化の過程について論じることである。というのも、多くの人たちが西ヨーロッパで現在生じている変化を再小農化の過程として捉えることに、いまだに抵抗感を抱いているからである。

西ヨーロッパの再小農化：バランスの再調整

　欧州連合 (EU) の中では、「企業家の道」を歩んでいるのは少数派（約15%～20%）の農民たちである。この農民たちは、規模拡大を加速させ、技術が牽引する集約化を進め、食品産業、銀行、小売りチェーンとの依存関係を緊密にすることを目指している。ある視点からみれば、この行き方は、理屈にあっている。「農企業家」は、高水準の負債と投入財の使用を通じて、すでにこのシステムにしっかりと組み込まれている。いわば囚われの身なのだ。農企業家にとって先に進む道はひとつしかないのだ。その一方で、彼らはこの道を歩むことで、高い代償を支払っている。長くて、単調でときには危険な仕事に対する報酬は低い。危機的な状況下では、報酬はマイナスとなる。労働－消費バランスが完全に崩れているわけではないけれども、満足のいく均衡状態を保つことはきわめて難しい。息子や娘、（および家族）がその農企業の株購入を望むときには特殊な問題が生じる。すなわち、彼らは、膨大な融資に伴う高リスクの財務運用を余儀なくされるのである。ときには、労働－消費バランスは別の方法によって達成されることがある。例えばポーランド、インド、マグレブ諸国やサブサハラ・アフリカからの「黒人」労働者と低賃金で契約することによってである。また、同様な不確実性が、苦痛－効用バランスにもある。ここでは、まさに効用という概念そのものを再定義することによって特定の均衡点が形成される。農企業家としての効用は、将来のどこかに位置づけられる。彼らは大農民として生き延びられるわずかばかりの農民たちの中に入り、成長を加速さ

せることが将来の競争力を保証してくれる最も確実な方法だと信じてもいる。

　対照的に、大多数の農民たちは異なる行き方を選んでいる。彼らはまったく異なった方法で主要なバランスを再評価し、そうすることでヨーロッパ農業の大部分をもっと小農らしくしている。彼らは、とくに今深刻になっている農業への搾取に対して、内部資源と外部資源のバランスを見直すことによって対応している（第3章を参照のこと）。彼らは信用（借金）を含む外部資源への依存を減らし、内部で入手可能な資源を最適に利用しようとする。このことによって、総生産量が一定であれば、財務的費用と取引費用を削減しながら、一方で労働所得を増やしていくことができる。これは、わずかな改善ないし「数粒の穀粒増加」について話しているわけではない。オランダの国立酪農研究センター（the State Research Centre for Dairy Farming）が行った長期比較研究によると、40万リットルの牛乳を生産する低コスト経営は、80万リットルを生産するハイテク経営と同じ収入を得ることができる（Kamp et al. 2003; Evers et al. 2006）。この二つの経営の労働投入量は同じである。このことは、所与の生産水準において、高度ハイテク農法から低コスト農法に転換することで、労働所得は2倍になり得ることを示している。内部資源と外部資源のバランスを見直すにはかなりの時間がかかるかもしれないし、他のバランスにも影響を及ぼすかもしれない。例えば、共生産は生ける自然に、より強く根差すだろう。このことは農業のやり方に景観、自然、そして生物多様性への配慮を組み込みやすくさせる。そうなれば、農家と近隣にあるものとのバランスも改善される。後者のバランスは、企業家的農家にとって、維持がだんだんと難しくなっていくものである。

　多面的機能の発展は、小農としての軌道における第二の主な要素である。新しい製品とサービスが次々と生み出されているし、新しく作られた「入れ子型市場」を通じてますます販売されるようになっている。ここでもまた、「家族経営農家は、その能力内であらゆる機会、すなわちそれが存在する自然的・歴史的条件と市場状況が与えるものを利用する」（Chayanov 1966: 120）のである。これらの活動は、労働所得を増やすために取り組むものである。ヨーロッパではこうした活動や機会はきわめて広範囲に及ぶ。例えば農業ツーリズム、高品質生産物、地域特産物、有機農産物、農家加工、直接販売（さまざまな方法が開発されている）、（自然）エネルギー生産、貯水、福祉施設、馬の飼育、景観や自然の管理などを挙げることができる。1990年代の終わりに、EU内ではこうした新しい活動が80億ユーロ以上もの労働に対する追加所得を生み出した。そ

れはオランダの年間総農業所得の2倍に達した。このおかげで、何百万もの中小家族経営が生き延びることができた（データはファンデルプルフ、ロング、バンクス［Ploeg, Long and Banks 2002］より）。新規性のある物の生産は、これらの新しい活動にかなりの勢いを与えている。これらの活動に携わるヨーロッパ農民たち、すなわち新しく出現している小農層はマルチチュード[i]だといえる。その小農マルチチュードは「特異点（シンギュラリティ）の集まりであり、…生産的であり…躍動していて」（Negri 2008）、創造的な力を秘めている。食の帝国と国家機構の瑕疵は多くの空隙（あるいはすき間）を生み出すが、この（小農）マルチチュードはより良く機能する新しい実践を生み出す出発点としてそれを用いる。長期的には、これらの実践が農業の政治経済的輪郭に重要な変化をもたらすかもしれない。この点で、フランスの小農リーダーであるジョゼ・ボヴェ（José Bové）は、「さまざまなイニシアティブを総合すると、新しい小農運動の律動が強く感得できるだろう。私は、この運動がやがて、工業的農業を隅へと追いやっていくと信じている」（Bové and Dufour 2001: 42）。

　内部資源と外部資源の利用バランスを変えることと同様に、この新しく作られた多面的機能性には、穀物数粒以上のものが含まれている。利用可能な研究はすべて、これらの新しく生み出された生産活動が、経営レベルでも地域レベルでも農村所得にかなり貢献していることを示している（Heijman et al. 2002）。これらの活動のおかげで、さもなければ消滅しかねない経営や、企業家的な道を歩まざるを得ない経営が生存できている。ここで、興味深いのは、生産者と消費者の間にある新たなつながりの中に組み込まれた市場の開発である[ii]。こうした新たな市場はコモンズと見なされてよい（Ploeg, Ye and Schneider 2012）。そのようなコモンズの形成はヨーロッパに限られたことではない。中国ととくにブラジルでは、高度に革新的な形の市場が新しく出現し、成長を続けている（Ye et al. 2010; Schneider, Shiki and Belik 2010; Perez 2012 を参照のこと）。

　ブルックフィールドとパーソンズ（Brookfield and Parsons 2007）でも論じられているように、これらの再小農化の新しい形態は、苦痛と効用の間で形成される均衡点の再調整に深く関与している。相対的に自律的な資源基盤に根差して、多面的機能を有する新しい農場形態を生み出している人たちは、苦痛の意味を

---

i)　マルチチュードについては、第1章訳注 xviii を参照のこと。
ii)　日本で1970年代に始まった有機農産物の産消提携運動は、こうした新しい市場開発の先駆的取り組みとして捉えることができる。こうした動きをコモンズと理解する研究はまだない。

再定義しつつある。そうした農民たちは屋外での仕事、非常に多様化された作業、自立性、生ける自然との共働などを、自分たちが携わっている仕事の中でもより一層魅力的な側面として挙げている。労働が単調で、リスクが高く、退屈になり得る企業家的な道を歩んでいる人たちと比べれば、彼らが経験する苦痛ははるかに少ない。効用もまた、さまざまな形で体験される。良い稼ぎをあげることと並んで、ずっと多くの人たちと出会う楽しみがあるし（企業家的農民は一般的に強い孤独感を経験する）、ほかとは「違う営農」をするという誇りもある（Oostindie et al. 2011）。これらの諸点は、ヨーロッパの新しい小農たちが経験している効用の重要な構成要素となりつつある。このことが、図表 2.1 で示したような、転換にさらなる推進力を与えるし、新しい小農的農業の出現を一層強固なものにしている。

　このように、世界でいちばん近代化された農業システムの中心において、ほぼ 1 世紀前にチャヤノフが記述したような仕組みを今なお目にすることができる。異なったバランスこそが重要なのである。しかし現代世界では、そうした考えはもはや小農家族に限られているわけではない。社会全体がますますこれらのバランスの評価を行うようになっており、そのことは、農業がさまざまな社会的な領域と関係していることを意味している。このことはバランスを取るさまざまな方法の出現を促し、小農が歩む道、企業家的農業が歩む道、そのほかの多様な道筋を可能とする。つまり、バランスを取ることは今なお農業の中心課題として位置づけられるのである。しかし、それによって良くもなり得るし、悪くもなり得る。あるバランスの組み合わせは、現代の社会的期待とますます齟齬をきたすようになっている企業家的な軌跡を導き出す力となる。別のバランスはまったく違う影響をもたらす再小農化の新しいルートを生み出すのに役立ち得る。世界の農業はまさに岐路に立っている。さまざまなジレンマを理解し、最も適切な解決を考案するために、こうした戦略的バランスに関する洞察力がこれまで以上に必要とされている。

●原註

1)　この曖昧さは、中国における多くの実験的試みや政治経済の変化について、大いに興味をそそる特徴である。それは時期尚早だったりあるいは不必要だったりする対立を避けるのに役立つ。

2)　1 斤（ジン、jin）は 500 グラムである。ここの文脈では、1 万 kg の小麦と米が生産されたことを意味する。1 畝（ムー、mu）は 15 分の 1ha である。

用 語 説 明

農業問題：一方における営農の組織方法と、他方におけるエコロジー、社会、かつ／または農業生産に直接携わる人びとの関心と見込みの間に、重大な障害をもたらすような諸関係があるときに生じる問題。

資本：剰余価値を得るために使われる価値。資本にとって、賃金労働は不可欠である。

資本主義：世界的な規模で作られた独特の社会経済システム。労働と資本の間の階級関係に基づいて形成されている。

商品化：生産要素および再生産要素が、市場交換するために生み出され、かつ市場交換から入手できるようになって、市場交換の論理に従わされていく過程。

商品：市場交換のために生産され、かつ／または市場交換を通じて得られる生産物またはサービス。

コモンズ（共有財）：より多くの価値を創り出すために使うことができる共有の財産（非貨幣的な財産を含む）。コモンズは、剰余価値を生み出す必要がないという点で資本と異なっているし、商品として機能する必要もない。

共生産：人間と生ける自然との間の相互協力行為。それが両者の相互変革を導き出す。共生産は生態的な交換と市場交換の両者を含み得るし、農業の非常に重要な側面となっている。

企業型農業：完全に雇用労働に依存する農業の形態または様式。通常は規模が大きい。その内的な推進力は、可能な限り大きな資本収益を獲得することである。

脱小農化：小農層の減少もしくは消滅。脱小農化はさまざまな過程を通して発現し、そのために小農は自らの小農的な農業のやり方を再生産する手段へアクセスしにくくなる。

デシャチーナ（desjatina）：ロシアの面積単位。1 デシャチーナは 2.7 エーカーまたは 1.1 ヘクタール。

川下市場：農産物が農場を離れて、販売される市場。

（労働）苦痛：生産物やサービスを生み出すのに必要な努力。1 単位余分に生産するのに必要な追加的苦痛は総生産に比例して増加すると考えられている。

生態的交換：生産単位（例えば農場）とそれを取り囲む生態系との間の相互交渉。この交換は非商品的な形態で行われる。

企業家的農業：市場交換が生態的交換よりも強力になっている農業の形態もしくは様式。その資源基盤は外部の存在（例えば銀行）に高度に依存する。企業家的農業はしばしば、他の農民の資源を取り入れることで大きくなる。

搾取：生産者階級の余剰生産物を（支配的な）非生産者階級が横領すること。

農業改良普及員：技術革新を農民へ伝える訓練を受けた専門家。

外部資源：川上の市場から入手され、商品として生産過程に入る各種資源のこと。そのために、市場の論理を生産過程の中心に持ち込むことになる。

農民：農業の労働過程に主体的に携わる人たちの総称。小農、企業家的農民、農業労働者などが含まれ得る。

農業：小農的農業、企業家的農業、企業型農業を包括する総称。

食の帝国：食料の生産、加工、流通、さらに消費に対して寡占的な統制力を発揮する拡大ネットワーク。同時に、これらの活動から生み出される価値の大部分を自らのものとしている。

フードレジーム：食料の生産、加工、流通、消費を結びつけて一体化させる諸関係、規則、取引慣行の国際システム。現在のフードレジームはしばしば、企業主体のフードレジームまたは帝国的なフードレジームとして特徴づけられる。

ジェンダー関係：男性と女性の間の諸関係。資産、労働、所得はジェンダー間の不均等さを示す典型である。

グローバリゼーション：広く受け入れられているように、とりわけ1980年代以降における世界資本主義の現段階。その影響については多く議論されてきたが、グローバリゼーションにはほとんど規制されていない国内資本市場、金融資本の優越、それに新自由主義の政治プロジェクという特徴が存在する。

労働手段：労働過程を楽にするため、および／または改善するために使われる道具。単純なものの場合も洗練されたものの場合もある。小農研究では、（洗練された）手段はしばしば資本と同一視されるが、それは間違いである。

集約化：継続的な収量の増加を目指し、実現させる過程。

内部資源：生産単位の中で、生産されたり再生産されたりする諸々の資源。

コルホーズ：共産主義時代のロシア農業を特徴づける大規模な国営農業企業（本書ではコルホーズとソフホーズは区別せず、一括してコルホーズを用いている）。

労働所得：生産物とサービスから得られる粗収益から、それらを生産するため

にかかった貨幣費用を差し引いたもの。

労働過程：生産過程における労働の組織形態と諸活動。

労働生産性：ある人が所与の労力によって生産できる財あるいはサービスの量。一般的には、作業時間ないし労働時間によって計測する。

市場交換：生産単位（例えば経営）と上流および下流の市場との間の相互作用。商品はこのタイプの交換に含まれる。

新自由主義：市場と主要な資本家たちの関心に沿うように「国家を退場させる」ための政治的かつイデオロギー的なプログラム。

非商品：市場を通じては手に入らないが、生産単位それ自身の中で生み出され、生産過程に投入される生産物やサービス、かつ／または社会的な交換を通じて手に入る生産物またはサービス。

労働対象：増加した価値を表す新しい生産物に転換される労働過程の複数の要素。例えば、肥沃な畑、乳牛、果樹など。

小農的農業：自分で管理できる資源に基づく共生産が中心に位置づけられる農業の形態と様式で、そこでは賃金労働が（ほとんど）存在しない。労働対象1単位当たりの付加価値を大きくすることが、小農発展にとっての重要な内的推進力である。

小農層：共通の経験とアイデンティティを持つ小農たちの統合体であり、アイデアと資源を交換したり、さらにリーダーに権限を与えたりするために内的なメカニズムを利用している。小農たちは、農業をどのように組織し発展させるべきなのかについて共通の考えを持っているし、コモンズを分かち合ったり、かつ／または協力してコモンズを開発したりもする。

小農：小農的農業に携わっている社会的存在。

小商品生産者：たいていは、市場を志向する生産形態または生産様式を採用しているが、生産自身は非商品的な資源と諸関係に基づいて行っている人たちについて述べるための分析用語。小農的農業は小商品生産の1形態である。

原始的蓄積：マルクスにとって、資本主義のカギをなす階級がそれを通じて形成される歴史的な過程。それはまた、特定の階級からできる限り多くの富を絞り取るための経済外的強制メカニズムに依存する過程を説明する。もっと具体的にいうと、小農層からの収奪を増やし、工業化の促進に使われた過程を説明するために用いられてきた。

生産：労働が投入されて、人間の生活条件を満たすように自然を変換する過程。

生産性：土地、労働、水など、所与の資源量を使ってどれだけ生産できるかを示す指標。

プード（pud）：ロシアの重量単位で、1プードは16.4キログラム。

再小農化：農業が小農的農業に再編成される過程。また小農の数が量的に増えることを意味することもある。

再生産：現在生産されたり稼ぎ出されたりしたものから生活条件と将来の生産を確保すること。

資源：生産過程を続けるのに必要な社会的かつ物質的な要素（土地、労働、知識、植物、ネットワークなど）。必要な資源は生産単位の中で生産・再生産されるかもしれないし、社会的に規制された交換を通じて手に入れるかもしれないし、かつ／または上流の市場から購入するかもしれない。

自己資源基盤：自己管理された資源基盤。それは完全ではないにせよ、大部分を生産単位の内部で生産・再生産した資源に基づくために相対的な自律性を有している。

生産の社会関係：生産活動と再生産活動を象るすべての社会関係、制度、実践であり、同時に生み出された富の分配を規定する。

農業に対する搾取：農業から富を流出させ、かつ経営と家族農家の両方の再生産をいよいよ脅かすことになる、好ましからざる交換関係（農外での農産物価格の停滞ないし減少と増大する費用）。

川上市場：農業に必要な資源、例えば土地、労働、労働手段、あらゆる種類の物的投入、信用などを提供できる市場。

効用：生産過程からもたらされる価値（商品的性格のものと非商品的性格のものの両方からなる）の合計。

収量：労働対象1単位当たりの生産性を測る指標。普通は、所与の農地面積から収穫された作物の量、かつ／または家畜1頭当たりの生産量。

（用語集の語順は原書通りとしている）

訳者解説

小農研究の視座から日本農業の未来を考える指針に

1. 本書の意義と留意点

本書の意義

本書の原題は 'Peasants and the Art of Farming: A Chayanovian Manifesto' である。直訳すると、「小農と農の技（芸術）：チャヤノフ派宣言」ということになる。この書名から分かるように、ロシアの小農を対象に独特の体系を作り上げたチャヤノフの理論に基づいて、小農の特性と多様性と柔軟性を重視するその論理を、現代の視座から再評価することが本書の狙いである。さらに、小農的農業が現代の行き詰った食と農のあり方（ファンデルプルフの言う「食の帝国」）を乗り越える鍵であることも示そうとしている。この点で、本書のパースペクティブは、単に特定の歴史段階および地理空間における農業問題に限られるのではなく、現代から今後の食と農にまで及んでいる。

とはいえ、チャヤノフの主な研究対象が 19 世紀ロシアの農民、しかもチャヤノフが小農と捉えた多数の農村住民だったことを取り上げて、そこから導き出された論理を現代の世界、とくに日本には当てはまらないと切って捨てられる危険性は否定できない（この点については後述する）。

そこで重要になるのが、本書のメイン・メッセージになっている "art" である。換言すれば、チャヤノフの理論体系に内包されている小農の技ないし芸術性への注目とその意味の拡張である。よく知られているように、古典派経済学の祖と言われているアダム・スミスは、農民を芸術家に次ぐ第二の職業と呼んだ。「芸術や知的職業と呼ばれるものについで、これほど多様な知識と経験を必要とする職業はおそらくない。……ふつうの農業者でさえ共通に持っている、農業の多様で複雑な作業についての知識を、これらの本から集めようとしても、むだな試みだろう。……これに反して、ふつうの手仕事の職業ならどれでも、すべての作業を図解つきの言葉で説明することが可能なので」[i]ある。多様で複雑な知識を農業の本性に位置づけるスミスの捉え方は、ある意味でチャヤ

---

i) アダム・スミス（2000）（水田洋監訳、杉山忠平訳）『国富論（一）』岩波書店：222-223。

ノフの小農理解と重なり合っている。農業の多様性・総合性を成り立たせているのは、小農の技なのだ。それをスミス流に言い換えれば、芸術性ということになるのだろう。

　しかし、資本主義的な経済原理が浸透・拡大するにつれて、農業が持つ全体性を見失い、部分的に切り取って「効率性」をあげる試み（効率主義信仰）が拡大し、やがて主流になってきた。機械化と情報化の進展で、イネや野菜に向き合って自らの知識と経験を使って判断するよりも、クラウドに保存されたデータを使ってAIが出した答えを機械に転送するだけで作業を完了することができる。「図解つき」のマニュアルが技に取って代わりつつある。そのたどり着く先はフードテックによる「食料」の工業的生産である。そこではもはや圃場も自然も、農業も不要である。こうした世界に、人々は耐え得るのか。

　フードテックには、AI付きの調理家電、スマートキッチン、食のパーソナライゼーション、3Dプリンターによる寿司づくりなど、従来の食の枠組みを大きく変える非常に多彩な動きが含まれているが、フードテック企業が熱い視線を注いでいるのは、動物細胞からの培養肉や植物由来の「肉」、機能性食品、ゲノム編集技術利用食品の分野である。これらの生産には大地も植物を養う水もタネも不要どころか夾雑物として扱われる。つまり、フードテックは生命の躍動する自然を越えてしまう。それは人間と自然との共生産を破壊し、農民も太陽の下での労働も不要とする。こうした食品の開発生産には、大量の資本とエネルギーが不可欠であり、それに耐え得る少数の企業（化学産業や情報産業も関与）だけがフードテックの利益を独占する。こうして「環境に優しく、健康に良い」フードテック食品を消費する私たちの生命は、その生産企業に委ねられることになる。そこには、いまだフードテック食品の身体や環境に与える長期的な影響が明らかになっていないという問題（安全性問題、生態系負荷など）に加えて、食料主権の剥奪や自発的隷従という大きな問題が生じる[ii]。要するに、フードテック企業に自然と人間が隷従する事態が目の前に来ているのである。

　こうした隷従を受け入れるのか、それとも拒否するのかが私たちに問われている。拒否しようとするならば、そのときに抵抗の根拠として農の技を再評価することがひとつの可能性を示唆する。チャヤノフ派の理論を現代風に読み

---

ii）　この問題は、明石書店から刊行予定のジェニファー・クラップ／S.ライアン・イサクソン著、久野秀二監訳『投機化する収穫―金融資本による農と食の支配にどう立ち向かうか』の取り扱う問題と共通している。

替えるならば、自然と農業と科学との関係を編成し直そうとするアグロエコロジーにつなぐこともできるし、フードテック食品を生み出すに至ったフードシステムの背後にある論理と仕組みを抉り出すフードレジーム論[iii]へと接続することも可能である。ここに、チャヤノフの小農理論を、技を軸として転回させる現代的な意義があるといえよう。

　全体として、本書は上述のような意味を持っている。ただし、日本語に直された表現からは、原著の持つ含意を正しく伝えることが難しい場合がある。和訳作業によって、微妙なニュアンスが抜け落ちてしまったり、日本の状況に当てはめようとすることで日本以外の国や地域の状況が本来とはずれたりする危険性がある。そこでまず、本書を読む上での留意点をいくつか説明しておく。それは必ずしも翻訳上の都合だけではなく、理論上の必要性も反映している。

小農と小農経営

　本書ではまず、'peasant' を小農と訳した。日本では、「小農」が農民を表す言葉として歴史的に用いられたことがなく、その概念は十分成熟していない。小農が使用されるようになったのは、20世紀初頭にチャヤノフの翻訳書が公刊されてからのことである。また小農の本質よりも、規模の大小に引きずられてしまいがちだという事情もある。さらに、peasant の辞書的な意味としては隷属農とか小作人といった表現が採用されており（研究社の『新英和大辞典第6版』）、peasant を時代遅れの貧農と捉える傾向を助長してきた。

　こうした事情から、小農という概念が好意的に受け止められることは少ない（この点については後述する）。しかし、本書の著者であるファンデルプルフらの努力によって、小農に積極的な意味が込められ、再小農化／新しい小農論として世界的に定着している（日本では議論が始まったばかりである）。他方、peasant を農民として理解する考え方がある。しかし、ファンデルプルフは本文や用語説明で明記しているように、farmer を超時代的・普遍的な存在として位置づけている。だから、peasant を農民と訳すことはできない。こうした理由から、本書では peasant の訳語として小農を選択した。

　次に、'peasant farm' については、基本的に小農経営と訳すこととした。その理由は、以下の通りである。

---

iii)　本書に引き続いて刊行予定のフィリップ・マクマイケル著、久野秀二監訳『フードレジームと農業問題—歴外と構造を捉える視点』が参考になる。

　小農の最大の特質は生産と生活の一体性にあると言ってよい。小農は、その特質のもとで家族の存続と満足度（効用）をできるだけ満たすように、農業や非農業にどれだけ労働力や「家族」資本を配分するかを決めている。その決定には生ける自然とのやり取りが大きな影響を与えるだろうし、経営の内部でどれだけの資源を賄い得るかも判断の材料となる。チャヤノフの用語を借りると、こうしたさまざまなバランスの調整はまさに「経営」にほかならない。したがって、経営の中には、どこで働くか（田か畑か桑畑か）という地理的空間性や、生産に使う資源をどれほど川上市場から購入し、どれだけを自給で賄い、不足する場合には村の共有資源から調達したり知人から譲ってもらったりするための算段、収穫物をどこに販売し、売り上げの何割を農業に再投資し、生活にどれくらい回すのかという広義の経済的側面を含んでいる。したがって、小農経営には、日本語の「経営」からイメージされる資金フローを中心とした狭義の経済的側面だけでなく、社会的側面や地理的空間性を内包している点に注意が必要である。

　もうひとつ指摘しておく必要があるのは、後段の 'farm' を農場とすると、日本の農業と農村の状況にそぐわず、違和感が大きい点である。ましてや、小農と農場は結びつきにくい。日本では、小面積の耕作水田や畑があちこちに入り混じって存在する零細分散錯圃制が歴史的に形成されてきた。しかも、農地は村の総有だという意識が基盤にあり、水田稲作に必須の灌漑施設（河川や溜池など）は、村人の共同で管理されてきた。このため、境界線がはっきりしていて、門のある農場というイメージは生まれにくかったのだろう。農場で働くよりは、「ノラ」に行くという表現が農民の感覚には合っていた。今では大区画圃場や基盤整備事業によって多少は改善されてきたものの、大規模な稲作経営だと耕作する水田の枚数が2桁以上に達することは珍しくない。つまり、大規模経営でも一定の区画内に農地がまとまってあり、柵などで囲まれている「農場」としての実態は伴っていないのである。

　そのため、日本では「農場」という捉え方はまだ一般的ではない。農場といえば、小岩井農場のような大規模で、企業的な経営を連想する人が多いように思う。もちろん最近では、○○農場とか○○農園、○○ファームといった個人名や独特の名称をつける例が増えてきているが、まだ多数を占めているわけではないし、まとまった空間的広がりよりも法人の固有名詞として理解される傾向が強い。農場という空間よりもブランドとして意識されているように思える。

　こうした理由で、本書では 'farm' を基本的に経営としている。もちろん、'farm' にも地理的空間だけでなく、生産単位や経営単位という側面もある。そこで、明らかに地理的空間性ないし場所としてのニュアンスが強い場合には、'peasant farm' を「小農の農場」もしくは「小農経営農場」を使用することにした。小農経営農場はややくどい感じがするが、小農経営の全体性よりも、小農が経済行為や生活行為を営む場所としての農的空間に重点があると理解してほしい。また 'farm' が単独で用いられている場合、そのニュアンスによって経営もしくは農場と使い分けることにした。

　上述の点は、日本の文脈に置き換える必要に対応したためである。チャヤノフが分析対象としたのは 19 世紀末から 20 世紀初頭のロシア農村であり、そこに生きる小農であった。小農たちの生産と生活は、基本的に農場としての 'farm' で行われていた。その意味では農場を基本的に使う選択肢もあり得るが、監訳者は本書を通じて、日本での小農に対する新しい意味づけとそれに基づく農と食の再起動に結びつけたいと考え、日本の文脈を重視することにした。監訳者は、日本の農民が小農であり、なお小農的な論理と芸術性を保持していると理解しているからである。そのことが、新自由主義的論理のもとでひっ迫している日本農業を変革する原動力になり得ると確信している。

2．チャヤノフとその時代

チャヤノフの生涯

　本書ではチャヤノフ自身とその生きた時代についてほとんど触れていないので、ここで補足しておきたい[iv]。そのことは、チャヤノフが独特の理論体系を作り上げた背景を推測させるの役立つだろう。

　チャヤノフの誕生については、1888 年 1 月に、ヴラジーミル県の農民の子としてモスクワに生まれたこと以外は不明である。1910 年にはペトロフスカヤ農業大学校を卒業し、卒業後の 1912 年から 1913 年にかけて同大学校からベルリンとパリに派遣され、帰国後に弱冠 25 歳で同大学校の経営組織論を担当することになった。この間にチャヤノフ理論の骨格をなす『勤労経営理論概論』を上梓し、さらに 1923 年には、ドイツ語版の "*Die Lehre von der bäuerlichen*

---

iv）　チャヤノフの履歴については、和田春樹・和田あき子訳（2013）『農民ユートピア国旅行記』平凡社ライブラリーの訳者解説を参照した。以下、「チャヤノフの生涯」の項におけるカッコ内の頁は本書からの引用頁を示す。

Wirtschaft. Versuch einer Theorie der Familienwirtschaft im Landbau"（『小農経済の原理』）が公刊された。これをきっかけに、チャヤノフ理論が世界に知られることになった。日本では、1927 年に杉野忠夫と磯辺秀俊による初版の『小農経済の原理』が刀江書院から刊行されている。

　第一次世界大戦下では、協同組合を組織化することで、国による戦時経済統制に対抗しようとした。1915 年 9 月には 43 の協同組合からなる亜麻生産者中央組合を結成して、議長の座に就いた。この実践から分かるように、チャヤノフは早い時期から小農の協同組合に期待を寄せていた。1917 年の革命後には、全ロシア協同組合大会で同大会評議会のメンバーにも選出され、協同組合の理論的指導者としても高い地位を獲得した。

　またこの時期には、農地改革への関心を強め、土地改革連盟を結成した。小農の経済的・政治的地位の向上には農地改革が不可欠だと考えていたからであろう。十月革命直前の臨時政府では、セルゲイ・マースロフ農相の要請で次官の地位に就いていた。十月革命後もチャヤノフは追放されることなく、協同組合運動の中に身を置き、ソヴィエト政権と対峙しつつも協力するという危うい綱渡りの日々を送った。当時のソヴィエト政権にとっても、協同組合運動の力を無視することはできなかったのである。その後、2 種類の農業協同組合中央組織の執行部に加わったが、1919 年には両協同組合の議長を兼務することとなった。チャヤノフは協同組合勢力の「人格的代表者」（176 頁）と見なされるに至ったのである。さらに 1919 年には、チャヤノフはペトロフスカヤ農業大学校（当時はチミリャーゼフ農業大学校に改称）に設置された農業経済・政策高等セミナーの責任者となる。このセミナーは後に、農業経済・農業政策研究所として衣替えする。チャヤノフにとっては、順風満帆の時代だったといえるかもしれない。

　ネップ時代になると、マルクス主義とは異なる立場の組織生産学派の指導者として、言い換えればネオ・ナロードニキのリーダーとして熱心に研究活動を進めた。しかし、「スターリンの『上からの革命』」（184 頁）の圧力が強まる中で、チャヤノフは小農経営重視の理論から「転向」し始めたが、それでもソホーズやコルホーズを支持するわけではなく、それに代わる目標として「郷ぐるみの単一共同経営」を提示した。全面的集団化を進めるロシア政権にとって、

---

v）　1921 年にレーニンが始めた新経済政策のこと。ソヴィエト＝ロシアからソ連に移行する過程で、レーニンはそれまでの戦時共産主義を止め、部分的に市場経済を認めることにした。この経済政策を通称ネップ（New Economic Policy）という。

チャヤノフの思想は排除すべき危険なものと見なされるに至った。

　そして1930年にはついに、チャヤノフはコンドラチェフやマカーロフら
と一緒に逮捕された。その背後には、1920年代の農業集団化に向かう路線と
スターリンの1929年演説による弾劾があった。公開裁判も行われないまま、
チャヤノフは4年間の獄中生活を送った後、中央アジアのアルマ＝アタに流刑
された。その地で1937年に再逮捕され、1939年に死刑判決を受けた。何度も
危機を乗り越えてきたチャヤノフであるが、ついに粛清されることとなったの
である。

　長い間、チャヤノフの死の真相は隠されていた。死に至る過程が明らかにな
り、反革命罪の罪から名誉回復されたのは、1986年にゴルバチョフが始めた
ペレストロイカによってである。ペレストロイカについての言及は多数あるが、
チャヤノフの「復権」とその意義について触れている文献は少ないように思う。

チャヤノフの生きた時代とチャヤノフ理論の要諦

　チャヤノフがその「小農経済理論」を構築する上で主な対象として考察した
のは、言うまでもなく19世紀末から20世紀初めのロシア社会に生きた農民で
ある。帝政ロシアが資本主義の浸透のもとで揺らぎ、ソ連邦につながる1917
年の2度の革命とその後の内乱状態へと続いた時代を生き抜いた農民である。

　揺らぎの中で「ロシア農村における資本主義的発展」を求めたレーニンは、
ロシア第一革命後の『ロシアにおける資本主義の発展』第2版の序において、
プロレタリアートの指導的役割の重要性、ならびに小ブルジョア性とプロレタ
リア化の間で揺れ動く農民を強調し、そのような経済的基盤のもとでまずブル
ジョア革命が必要であることを強調した。また1905年の『民主主義革命にお
ける社会民主党の二つの戦術』において民主主義革命における労農同盟論を主
張した。農民の小ブルジョア性を打破し、貧窮化してプロレタリアートの陣営
に加わる条件を形成するためにこそ、農業の資本主義的発展（とくにアメリカ型
のそれ）を推し進め、その動力のもとで徹底した農民層分解と労働者階級の形
成を見通そうとした。ここに、レーニンが1893年の「農民生活における新し
い経済的動向」以降、一貫して追求してきたナロードニキ批判が一応の「集大
成[vi]」をみた。

vi)　堀江英一（1956）「レーニンの市場の理論―ロシアにおける資本主義の発展の構造―」
　　『経済論叢』（京都大学）78（2）：153-172。

　1888年生まれのチャヤノフが、1919年にモスクワで農業経済・農業政策研究所（元チミリャーゼフ農業大学校の農業経済・政策高等セミナー）を設立し、ネオ・ナロードニキのリーダーとして登場したときには、すでに第1回コミンテルンが開催されるまでの段階に至っていた。また内戦と英仏、アメリカ、日本による干渉戦争の中で、「戦時共産主義」体制として採用された穀物の割当徴発制と工業国有化がロシアの経済体制の方向を規定していた。その意味では、レーニンが目指す農業集団化の方向はある程度固まりつつあった[vii]。もはやロシアにとって、ブルジョアジー革命を引き起こす動因としての資本主義的発展が必要とされる段階は越えていたといってよい。ところが、実際にはレーニンが想定したほどには農民層分解は進まず、「社会主義的」ないし「共産主義的」な農業体制への移行を阻害するものとして認識されていた。

　従来は革命前のロシア農村では、ある程度の農民層分解が進んでいたとする見解が優勢だった。農民層分解によって、土地を持たない貧困層が生まれ、それが工業労働力に転化するというのが一般的な図式である。しかし当時のロシア小農においては、ミール共同体が定期的に土地の割り替えを行っていたので、少なくとも土地に関しては小農たちもある程度の面積を確保できていた。また生産手段もおのおのの小農家族が、従来考えられていたよりも、自己所有比率が高く、7割以上にのぼる例が報告されているという。

　チャヤノフはまさにこの農民層分解の停滞に注目し、なぜ農民たちが「小農」（以下、カッコを取る）として続いているのかを明らかにしようとした。とりわけ、その意思決定過程に注目し、小農をひとつの自立した経済主体として把握しようとした点に意義がある。この当時の農民たちを性格づけるのは、家族労働力をうまく配分して家族全体の効用拡大を図ったことである。こうした農民を、チャヤノフは小農として把握した。

　チャヤノフ理論の構成は本書を通読すればよく分かるが、略述すると「小農家族世帯の意思決定過程を扱った小農家族経済論と、彼らを取り巻く社会経済的環境との関係に言及した農村生産流通組織論に大別できる」[viii]が、やはり分析

---

vii）レーニン派とチャヤノフ派の間に鋭い路線対立があったことは言うまでもないが、それが直ちに研究交流の欠落を意味したわけではないようである。ボルシェビキとメンシェビキの研究交流はかなり盛んだったという見解も力を得ており、単純な対立関係で括ることはできない可能性がある。

viii）友部謙一（1988）「小農家族経済論とチャヤノフ理論：課題と展望（上）」『三田学会雑誌』81（3）：145-162。

の力点は圧倒的に前者に置かれた。前者の小農家族経済論は「『人口論的分化』論と『労働・消費バランス論』を二つの基本命題とし…賃労働なき経済の歴史的に『強靭な生命力と抵抗力』を証明しようとすることが眼目だった[ix]」。

　チャヤノフは、当時では世界的にも珍しかったゼムストヴォ統計を駆使することで、この点を明らかにしようとした。この統計の利用は、チャヤノフにとってはすぐれたアドバンテージであり、その論理構成に説得力を持たせることにつながった。この統計利用は、小農家族をひとつの単位として捉えているので、分析結果もおのずとミクロとしての小農経営に限られ、小農間の関係や経済的環境、さらにはマクロ経済との関係は焦点化されにくい。この点も、小農を自律的な存在として扱うことに影響していると言ってよいだろう。

3．日本における小農研究

「小農と農村で働く人たちの権利に関する国連宣言」

　小農に注目ないし期待する動きは割合に最近の現象である。そのひとつの具体的な表れが、2018 年に国連で成立した国連「小農と農村で働く人たちの権利に幡する国連宣言」(UN Declaration on Rights of Peasants and Other People Working in Rural Areas) である。同権利宣言は、「自給のためもしくは販売のため、またはその両方のため、一人もしくはその他の人びとと共同で、またはコミュニティとして、小さい規模の農的生産を行っている……家族および世帯内の労働力ならびに貨幣を介さないその他の労働力に大幅に依拠し、土地（大地）に対して特別な依存状態や結びつきを持つ人」[x]を「小農」と規定した。小規模な農民を表す英語表現はいろいろあるのに、本宣言では「あえて」'peasant' を使用したことが注目される。前述のように、辞書的な意味から隷属農とか時代遅れとか見なされるかもしれないのに、'peasant' に、問題を解決していく活動的な主体としての意味を吹き込み、誇りある存在として宣言した点に大きな意義があるからだ。このことは TAM（国境を越えた農民運動）が 'peasant' としての自己規定を国連に認めさせたことを意味する。このことによって、見えない存在として扱われてきた小農は広がりを持つ社会集団であることが国際的に認知された。

ix)　磯辺俊彦 (1990)「チャヤノフ理論と日本における小農経済研究の軌跡」『農業経済研究』
　　6 (3)：153-165。

x)　条文の和訳は、舩田クラーセンさやか (2019)「小農の権利に関する国連宣言」小規模・
　　家族農業ネットワーク・ジャパン『国連家族農業の 10 年と「小農の権利宣言」』農山漁村
　　文化協会を引用している。

　同権利宣言は、小農が環境的にも社会的にも永続的な農業を担い、多くの人たちの食を生み出している存在であることを高く評価している。つまり、20世紀に近代農業のモデルとして推進された大規模な工業的農業・資本主義的農業企業体では先への見通しがなく、逆に「遅れた」小農が未来への可能性を示す存在であることを公認したのである。もとよりファンデルプルフの貢献も大きいが、その理論的影響を受けた多くの研究者が再小農化／新しい小農の実態と意義を明らかにしてきたことも同権利宣言採択の背景として作用しただろう。このように、国際的には小農の再評価が確かな潮流として定着している。

　しかし残念なことに、日本ではその動きは微弱である。何よりも、日本政府は「日本に小農はいない」という立場をとっており、「小農の権利宣言」の採決を棄権し、採択後もそれに見合う国連加盟国としての義務を果たそうとしていない。2024年5月に成立した改正食料・農業・農村基本法でも、旧態然とした大規模な担い手に拘泥している。農業経済学関係の研究者も、その多くは旧来の認識枠組みに固執している。それは、どこでも誰でも経済合理的に行動するという「一般化原理」への信仰が強いからだと考えられる[xi]。資本主義的論理を前提に、農業でも経済的利潤を最大化する資本主義的農業やそれに準ずる企業者的農業を目標に定め、それになじまない小農を「排除」ないし無視している。

日本における小農研究

　しかし振り返ってみれば、日本でも初めから小農が無視されてきたわけではない。むしろ、小農に多くの関心が寄せられ、膨大な研究成果を積み上げてきた。すでに述べたように、杉野忠夫と磯辺秀俊が、ドイツ語版の『小農経済の原理』（1923年）の公刊直後といってもよい1927年に和訳本を刊行したことがきっかけである。

　マルクス主義では、小農は資本主義の進展とともに資本家的な大経営になるか、それとも大経営に駆逐されてそこに雇用される農業労働者に転化するとの見通しが立てられていた。チャヤノフはこのようなマルクス経済学の「正統的」路線とは違って、小農の強靭性を積極的に評価した。実際に、資本主義が進展しているヨーロッパでも小農が広範に存在しているし、ロシアでもゼムス

---

xi)　ロバート・チェンバース（2000）『参加型開発と国際協力—変わるのはわたしたち—』明石書店を参照のこと。

トヴォ統計が示すように小農はなお健在である。チャヤノフはこの実態に素直に向き合い、その理由を探究した結果、小農の行動原理がカギであることを見出した。

　現実の観察から生み出されたチャヤノフの主張は、ロシアでは批判の対象とはなっても政策や学界の主流に受け入れられることはなかった。それに対して、チャヤノフは日本で高く評価された。しかし、畑作・牧畜型の西欧農業と灌漑稲作型の日本農業では、生産のあり方を規定する各種の要因も農法も「農家」のあり方も異なるため、チャヤノフ理論を日本に持ち込むためには理論的な「変形」が必要だった。例えば、家族周期論については、西欧の夫婦家族を日本流の直系家族に読み替えて理論を再構成する必要があったし、畑作農業では家族が多ければそれだけ耕作する農地を増やすことができたが、灌漑稲作では水利と土地所有が主な規定要因なので、家族の数が多くても水田を増やすわけにはいかない[xii]。

　「労働−消費バランス論」は、家族労働力の配分に関する意思決定を重視し、農家としての効用最大化を得るための合理的選択であると捉えることもできる。この考え方は、W. ジェボンズの「限界苦痛」モデルを組み込んだ大槻正男の『農業労働論』における主体均衡分析と似通う点がある[xiii]。この主体均衡論は、その後、近代経済学の理論と結合して精緻な理論体系を作るに至る。他方で、「労働−消費バランス論」は、農民層分解論にも影響を及ぼし、ライフサイクルの観点から「家」の変動というより長期の歴史軸へと転換して捉えられるに至った[xiv]。同じ「労働−消費バランス論」もその捉え方に応じて、近代経済学的にもマルクス経済学的にも広がりを持ち得たのである。

　以上のように日本では、チャヤノフ理論は 20 世紀における日本の小農を理解するための参照軸として位置づけられた。とはいえ、この日本的継承が日本における農業研究の主軸となったわけではない。とくに、1961 年に成立した農業基本法以降は、農業生産力と利潤の効率的極大化が政策の基調となり、大規模経営の形成程度や成立条件が農業経済学の主要な研究対象となった。その

---

xii)　磯辺俊彦（1990）「チャヤノフ理論と日本における小農経済研究の軌跡」『農業経済研究』62（3）：153-165 を参照のこと。

xiii)　大槻正男（1941）『農業労働論』西ヶ原刊行会（大槻正男著作集第 2 巻、楽遊書房〔1977〕）を参照のこと。

xiv)　戸島信一（1995）「現段階における小農経済理論の再検討の意義と課題」『九州大学農學部學藝雜誌』50（1/2）：77-84 を参照のこと。

結果、小農は過小に評価され、あるいは忘れ去られてしまった。

もとより、少数ながらもこうした主流派の農業経済学とは違う「小農派」の研究者も存在した。代表格は、小農の優位性を強調した守田志郎である。守田は、「人の働きを頼りにせず、人の働きでもうけようとしない（人を雇わない：引用者補足）ということは、農家は資本家にはならないということ」なのに、「農業を資本として考え、企業と思い込んだりすると」巨大な企業資本と同じ原理が判断基準となり、「や・っ・て・い・け・な・い・とか、食・っ・て・い・け・な・い・とかの敗北感に打ちひしがれてしまう（傍点は著者）」と述べている。[xv]

現在に至るまで小農にこだわり続けているのは玉真之介である。玉は農業経済学における小農の扱われ方を手掛かりに、農業経済学の「経済学への従属」[xvi]について警鐘を鳴らしてきた。2018年には『日本小農問題研究』を著し、資本主義に収斂しきれない非資本主義的な部分を「小経営的生産様式論」として展開している。[xvii]

よみがえるか、日本の小農研究

細々と続いてきた小農研究は、2015年に九州農山漁村文化協会の流れをくむ農民や研究者が小農学会を設立したり、同学会が2019年11月に『新しい小農』[xviii]を発刊したりする中で、ようやく社会運動と連動する形で活発化し始めている。かつては農民層分解論に傾斜していた歴史を持つ日本村落研究学会が、2018年の大会を踏まえて2019年に『小農の復権』を世に問うている。[xix]また監訳者も、世界の小農研究をフォローして、小農、家族農業、アグロエコロジーの三位一体的把握の必要性や、小農的主体性の回復について論考を発表してきた。[xx]しかし、日本の研究者の大半は前述したような辞書的な小農の理解

xv）　守田志郎（1975）〔2002〕『小農はなぜ強いか』農山漁村文化協会、32。

xvi）　玉真之介（1994）『農家と農地の経済学』農山漁村文化協会を参照のこと。

xvii）　玉真之介（2018）『日本小農問題研究』筑波書房を参照のこと。

xviii）　小農学会編著、萬田正治・山下惣一監修（2019）『新しい小農—その歩み・営み・強み—』創森社を参照のこと。

xix）　日本村落研究学会企画、秋津元輝編（2019）『小農の復権』（年報村落社会研究第55集）農山漁村文化協会を参照のこと。

xx）　池上甲一（2021）「小農および家族農業をめぐる国際的動向と日本の現状：再小農化／新しい小農とアグロエコロジーの観点から」『有機農業研究』13（2）：12-25、同（2024）「変質するグローバル化のもとで小農的主体性をどう回復するか」『農業問題研究』55（1）：34-46 などを参照のこと。

にとどまっている。そのため、国際的な小農研究がすでに半世紀近くの蓄積を達成してきたのに、日本の研究者はその潮流に背を向けてきた。

　しかし、従来の研究では現在の日本農業の危機的状況（それは食にも直結する）に有効な処方箋を示すことはできない。むしろヒントは、チャヤノフ理論を出発点とし、豊富な実証と斬新な視角に基づいて構築されてきたファンデルプルフの再小農化／新しい小農論にある。それは、現代の産業主義的食農システムとそれを支える諸制度（これを「食の帝国」と呼ぶ）のもとで逼塞している現在の日本農業を救う可能性を秘めている。

　例えば、新しい小農は、必要な資源をなるべく農場内から調達しているという意味で資本から自立している。川下については、有機農産物の産消提携や 1980 年代の自給運動、あるいはアメリカから日本に逆輸入された CSA や地方市場（直売所）などを多重的に結びつける入れ子型市場で販売してグローバルな小売資本に抗するとともに、遠方からの移動を避けることによってカーボン・フットプリントを軽減している。所得の確保については、経営の多角化（ツーリズムやエネルギー生産、福祉農場や教育農場サービスなど）により十分な利益をあげている。新しいタイプの多就業である。また自然との共生を求める新しいライフスタイルは、生ける自然との共生産の賜物である。こうした取り組みに加えて、協同・連帯という関係性を重視することで、過剰な競争によって他律と経済的逆境を強いている「食の帝国」から抜け出す道が見えてくる。それは農業のみならず、現代社会が直面する生態系の危機・社会の危機・主体性の危機を乗り越えるための実践的な手段でもある。チャヤノフは人と自然環境、生産と再生産、内部資源と外部資源、自立と依存といった多様なバランスについても論じている。本書は、理論が持つ可能性を的確に捉え広げることに成功している。

　本書は上記のような魅力と変革への誘いに満ちている。本書の上梓が日本における小農への再注目と再評価、小農研究の活性化につながることを期待したい。

〔謝辞〕

　本シリーズ「グローバル時代の食と農」の第一弾として、イアン・スクーンズ『持続可能な暮らしと農村開発』とマーク・エーデルマン／サトゥルニーノ・ボラス・Jr.『国境を越える農民運動』が発刊されたのは 2018 年のことで、続いてピーター・ロセット／ミゲル・アルティエリ『アグロエコロジー入門』

が2020年に上梓された。その後に本書が続く予定であったが、諸般の事情で大幅に遅れてしまった。この遅れはひとえに監訳者の怠慢によるものである。それにもかかわらず、出版事情の厳しい中で、完成まで温かくかつ忍耐強く見守ってくださった明石書店の大江道雅社長と担当編集者の森富士夫氏に厚く感謝申し上げたい。また監修チーム、とくに小林舞氏には全体にわたるチェックのほかに、カバーデザインも担当していただいた。多大な貢献に感謝している。

2024年7月　　　　　　　　　　　　　　　　　　　　　監訳者　池上甲一

参考文献

* 入門書として推薦
** 上級者向けとして推薦

Abramovay, Ricardo. 1998. "O admirável mundo novo de Alexander Chayanov." *Estudos Avançados* 12, 32.

Adey, Samantha. 2007. *A Journey Without Maps: Towards Sustainable Agriculture in South Africa.* Wageningen, The Netherlands: Wageningen University.

Agarwal, Bina. 1997. "Bargaining and Gender Relations Within and Beyond the Household." *Feminist Economics* 3, 1.

Altieri, Miguel A. 1990. *Agroecology and Small Farm Development.* Ann Arbor, MI: CRC Press.

Altieri, Miguel A., Fernando R. Funes-Monzote and Paulo Petersen. 2011. *Agroecologically Efficient Agricultural Systems for Smallholder Farmers: Contributions to Food Sovereignty.* Paris/Berlin: INRA and Springer-Verlag.

Altieri, Miguel A., and Parviz Koohafkan. 2008. *Enduring Farms: Climate Change, Smallholders and Traditional Farming Communities.* Penang, Malaysia: TWN, Third World Network.

Arkush, D. 1984. "'If Man Works Hard the Land Will Not Be Lazy': Entrepreneurial Values in North Chinese Peasant Proverbs." *Modern China* 10, 4.

Auhagen, O. 1923. "Vorwort." In A. Chayanov (Tschajanow) *Die Lehre von der bäuerlichen Wirtschaft, Versuch einer Theorie der Familienwirtschaft im Landbau.* Berlin: Verlagsbuchhandlung Paul Parey.

Bagnasco, A. 1988. *La Costruzione Sociale del Mercato, studi sullo sviluppo di piccole imprese in Italia.* Bologna, Italy: Il Mulino.

Ballarini, G. 1983. *L'animale tecnologico.* Parma, Italy: Calderini.

Barrett, C.B., T. Reardon and P. Webb. 2001. "Nonfarm Income Diversification and Household Livelihood Strategies in Rural Africa: Concepts, Dynamics, and Policy Implications." *Food Policy* 26.

Bennett, John W. 1982. *Of Time and the Enterprise, North American Family Farm Management in a Context of Resource Marginality.* Minneapolis: University of Minnesota Press.

Benvenuti, B. 1982. "De technologisch administratieve taakomgeving (TATE) van landbouwbe-drijven." *Marquetalia* 5.

Benvenuti, B., S. Antonello, C. de Roest, E. Sauda and J.D. van der Ploeg. 1988. *Produttore agricolo e potere; modernizzazione delle relazioni sociali ed economiche e fattori determinanti dell'imprenditorialita agricola.* Rome: CNR/IPRA.

Benvenuti, B., E. Bussi and M. Satta. 1983. *L 'imprenditorialitá agricola: a la ricerca di un fantasma.* Bologna, Italy: AIPA.

** Bernstein, Henry. 2010a. *Class Dynamics of Agrarian Change.* Halifax: Fernwood Publishing.〔渡辺雅男監訳、松岡浩平・山岸拓也訳『食と農の政治経済学——国際フードレジームと階級のダイナミクス』桜井書店、2012 年〕

168

_____. 2010b. "Introduction: Some Questions Concerning the Productive Forces." *Journal of Peasant Studies* 10, 3.

_____. 2009. "V.I. Lenin and A.V. Chayanov: Looking Back, Looking Forward." *Journal of Peasant Studies* 36, 1.

Bieleman, J. 1992. *Geschiedenis van de landbouw in Nederland, 1500–1950. Meppel, The Netherlands:* Boom.

Boelens, R. 2008. *The Rules of the Game and the Game of the Rules: Normalization and Resistance in Andean Water Control.* Wageningen, The Netherlands: Wageningen University.

Bonnano, A., L. Busch, W. Friedland, L. Gouveia and E. Mingione. 1994. *From Columbus to Conagra: The Globalization of Agriculture and Food.* Lawrence: University Press of Kansas. 〔上野重義・杉山道雄訳『農業と食料のグローバル化――コロンブスからコナグラへ』筑波書房、1999 年〕

Borras, S.M. 2004. *La Via Campesina: An Evolving Transnational Social Movement.* Amsterdam: Transnational Institute.

Borras, S.M., Marc Edelman and Cris Kay. 2008. "Transnational Agrarian Movements: Origins and Politics, Campaigns and Impact." In S.M. Borras et al. (eds.), *Transnational Agrarian Movements Confronting Globalization,* special issue, Journal of Agrarian Change 8, 1/2.

Boserup, Ester. 1970. *Evolution agraire et pression demographique.* Paris: Flammarion.

* Bové, J., and F. Dufour. 2001. *The World Is Not for Sale.* London: Verso.

** Bray, Francesca. 1986. *The Rice Economies: Technology and Development in Asian Societies.* Oxford: Blackwell.

Brookfield, Harold, and Helen Parsons. 2007. *Family Farms: Survival and Prospect, a World-Wide Analysis.* Oxford: Routledge.

Brox, O. 2006. *The Political Economy of Rural Development: Modernisation Without Centralisation?* Delft, The Netherlands: Eburon.

Brush, S.B., J.C. Heath and Z. Huaman. 1981. "Dynamics of Andean Potato Agriculture." *Economic Botany* 35, 1.

Bryden, J.M. 2003. "Rural Development Situation and Challenges in EU-25." Keynote speech to the EU Rural Development Conference, Salzburg, Austria.

Cassel, Guilherme. 2007. "A atualidade da Reforma Agraria." *Jornal Folha de Sao Paulo* March 4

Chambers, J.D., and G.E. Mingay. 1966. *The Agricultural Revolution 1750–1880.* London: B.T. Batsford Ltd.

Chayanov, Alexander. 1991 [1927]. *The Theory of Peasant Co-operatives.* Columbus: Ohio State University Press.

** _____. 1988 [1917]. *L'economia di lavoro, scritti scelti, a cura di Fiorenzo Sperotto.* Milan: Franco Angeli/INSOR.

_____. 1976 [1920]. "The Journey of My Brother Alexis to the Land of Peasant Utopia." *Journal of Peasant Studies* 4.

** _____. 1966 [1925]. *The Theory of Peasant Economy.* (D. Thorner et al., editors.) Manchester: Manchester University Press.

_____. 1966b. "On the Theory of Non-Capitalist Economic Systems." In Chayanov, *Theory of Peasant*

Economy.

―――. 1924. *Die Sozialagronomie, ihre Grundgedanken und Arbeitsmethoden.* Berlin: Verlagsbuchhandlung Paul Parey.〔磯辺秀俊・杉野忠夫訳『小農指導の原理』刀江書院、1930年〕

―――. 1923. *Die Lehre von der bäuerlichen Wirtschaft, Versuch einer Theorie der Familienwirtschaft im Landbau.* Berlin: Verlagsbuchhandlung Paul Parey.〔磯辺秀俊・杉野忠夫訳『小農経済の原理』刀江書院、1927年、増訂版：大明堂、1957年〕

Columella, Luciano G.M. 1977. *L'arte dell'agricoltura e libro sugli alberi.* Torino, Italy: Einaudi editore.

Conklin, H.C. 1957. *Hanunóo Agriculture, A Report on an Integral System of Shifting Cultivation in the Philippines.* Rome: FAO.

Danilov, Viktor. 1991. "Introduction: Alexander Chayanov as a Theoretician of the Co-operative Movement." In Alexander Chayanov, *The Theory of Peasant Co-operatives.* Columbus: Ohio State University Press.

Dannequin, Fabrice, and Arnaud Diemer. 2000. "L'economie de l'agriculture familiale de Chayanov a Georgescu-Roegen." Paper presented at Colloque SFER, Paris, November 2000.

Davis, M. 2006. *Planet of Slums.* London: Verso.〔篠原雅武・丸山里美訳『スラムの惑星――都市貧困のグローバル化』明石書店、2010年〕

Deléage, Estelle. 2012. "Les paysans dans la modernité." *La Découverte/Revue Française de Socio-Economie* 1, 9.

Deng, Zhenglai. 2009. "Academic Inquiries into the 'Chinese Success Story.'" In Zhenglai Deng (ed.), *China's Economy, Rural Reform and Agricultural Development.* Singapore: World Scientific Publishing Co.

Desmarais, A. 2002. "Peasants Speak — The *Via Campesina*: Consolidating an International Peasant and Farm Movement." *Journal of Peasant Studies* 29, 2.

Domínguez García, M.D. 2007. *The Way You Do It Matters: A Case Study on Farming Economically in Galician Agroecosystems in the Context of a Cooperative.* Wageningen, The Netherlands: Wageningen University.

Dries, A. van der. 2002. *The Art of Irrigation: The Development, Stagnation and Redesign of Farmer-Managed Irrigation Systems in Northern Portugal.* Wageningen, The Netherlands: Circle for Rural European Studies, Wageningen University.

Du Runsheng. 2006. *The Course of China's Rural Reform.* Washington, DC: International Food Policy Research Institute.

Durrenberger, E. Paul. 1984. *Chayanov, Peasants, and Economic Anthropology.* Orlando: Harcourt Brace.

Edelman, M. 2005. "Bringing the Moral Economy Back in ... to the Study of 21st Century Transnational Peasant Movements." *American Anthropologist* 107, 3.

Engel, P.H.G. 1997. *The Social Organization of Innovation: A Focus on Stakeholder Interaction.* Wageningen, The Netherlands: Wageningen University.

Enriquez, L.J. 2003. "Economic Reform and Repeasantization in Post-1990 Cuba." *Latin American Research Review* 38, 1.

Evers, A.G., M.H.A. de Haan, K. Blanken, J.G.A. Hemmer, G. Hollander, G. Holshof and W.

170

Ouweltjes. 2006. "Results Low Cost Farm, 2006, Rapport nr. 53." Wageningen, The Netherlands: Animal Science Group, Wageningen University.

Fei Xiao Tung . 1939. *Peasant Life in China: A Field Study of Country Life in the Yangtze Valley*. London: George Routledge and Sons. 〔費孝通著、仙波泰雄・塩谷安夫訳『支那の農民生活――揚子江流域に於ける田園生活の実態調査』生活社、1939 年〕

Friedmann, H. 2004. "Feeding the Empire: The Pathologies of Globalized Agriculture." In R. Miliband (ed.), *The Socialist Register*. London: Merlin Press.

* _____. 1993. "The Political Economy of Food: A Global Crisis." *New Left Review* 1.

** _____. 1980. "Household Production and the National Economy: Concepts for the Analysis of Agrarian Formations." *Journal of Peasant Studies* 7.

Galeano, Eduardo. 1971. *Open Veins of Latin America: Five Centuries of the Pillage of a Continent*. New York: Monthly Review Press.

Garstenauer R., Sophie Kickinger and Ernst Langthaler. 2010. "The Agrosystemic Space of Farming: Analysis of Farm Records in Two Lower Austrian Regions, 1945–1980s." Paper to the Institute of Rural History workshop, Historicising Farming Styles, in Melk, Austria, October 22–23, 2010.

Geertz, C. 1963. *Agricultural Involution*. Berkeley, CA: University of California Press. 〔池本幸生訳『インボリューション――内に向かう発展 ネットワークの社会科学』NTT 出版、2001 年〕

Georgescu-Roegen, N. 1982. *Energia e Miti Economici*. Torino, Italy: Editore Boringhieri.

Gerritsen, P.R.W. 2002. *Diversity at Stake: A Farmer's Perspective on Biodiversity and Conservation in Western Mexico*. Wageningen, The Netherlands: Circle for Rural European Studies, Wageningen University.

Gulati, Ashok, and Shenggen Fan. 2007. *The Dragon and the Elephant: Agricultural and Rural Reforms in China and India*. Baltimore: IFPRI/Johns Hopkins University Press.

Halamska, M. 2004. "A Different End of the Peasants." *Polish Sociological Review* 3, 147.

Hardt, Michael, and Antonio Negri. 2004. *Multitude: War and Democracy in the Age of Empire*. New York: Penguin Press. 〔幾島幸子訳『マルチチュード――「帝国」時代の戦争と民主主義』日本放送出版協会、2005 年〕

Harvey, David. 2010. *The Enigma of Capital and the Crises of Capitalism*. London: Profile Books. 〔森田成也ほか訳『資本の「謎」――世界金融恐慌と 21 世紀資本主義』作品社、2012 年〕

Hayami, Yujiro. 1978. *Anatomy of a Peasant Economy: A Rice Village in the Philippines*. Los Baños, Philippines: International Rice Research Institute.

Hayami, Y., and V. Ruttan. 1985. *Agricultural Development: An International Perspective*. Baltimore: Johns Hopkins.

Hebinck, P. 1990. *The Agrarian Structure in Kenya: State, Farmers and Commodity Relations*. Saarbrucken: Verlag Breitenbach.

Heijman, Wim, M.H. Hubregtse and J.A.C. van Ophem. 2002. "Regional Economic Impact of Non-Standard Activities on Farms: Method and Application to the Province of Zeeland in the Netherlands." In J.D. van der Ploeg, A. Long and J. Banks (eds.), *Living Countryside: Rural Development Processes in Europe — The State of the Art*. Doetinchem, The Netherlands: Elsevier.

Hofstee, E.W. 1985. *Groningen van Grasland naar Bouwland, 1750–1930*. Wageningen, The

Netherlands: Pudoc.

Holloway, John. 2010. *Crack Capitalism*. London: Pluto Press.〔高祖岩三郎・篠原雅武訳『革命——資本主義に亀裂をいれる』河出書房新社、2011 年〕

———. 2002. *Change the World Without Taking Power*. London: Pluto Press.〔大窪一志・四茂野修訳『権力を取らずに世界を変える』同時代社、2009 年、増補改訂版：2021 年〕

Huang, Philip C.C. 1990. *The Peasant Family and Rural Development in the Yangzi Delta 1350–1988*. Stanford, CA: Stanford University Press.

IAASTD (International Assessment of Agricultural Knowledge, Science and Technology for Development). 2009. *Agriculture at a Crossroads: Global Report*. Washington, DC: Island Press.

IFAD (International Fund for Agricultural Development). 2010. *Rural Poverty Report 2011: New Realities, New Challenges, New Opportunities for Tomorrow's Generation*. Rome: IFAD.

Jackson, Tim. 2009. *Prosperity Without Growth? The Transition to a Sustainable Economy*. London: Sustainable Development Commission.〔田沢恭子訳『成長なき繁栄——地球生態系内での持続的繁栄のために』一灯舎、2012 年〕

Janvry, A. de. 2000. "La logica delle aziende contadine e le strategie di sostegno allo sviluppo rurale." *La Questione Agraria* 4.

* Johnson, H. 2004. "Subsistence and Control: The Persistence of the Peasantry in the Developing World." *Undercurrent* 4, 1.

Kamp, A. van der, A.G. Evers and B.J.H. Hutschemaekers. 2003. *Three Years High-Tech Farm, Praktijkrapport Rundvee*, nr. 26. Wageningen, The Netherlands: Animal Science Group, Wageningen University.

Kautsky, Karl. 1974 [1899]. *La cuestión agraria*. Buenos Aires: Siglo Veintiuno, Argentina Editores.〔向坂逸郎訳『農業問題——近代的農業の諸傾向の概観と社會民主黨の農業政策』上・下巻、岩波文庫、1946 年〕

Kay, Cristóbal. 2009. "Development Strategies and Rural Development: Exploring Synergies, Eradicating Poverty." *Journal of Peasant Studies* 36, 1.

Kerblay, Basile. 1985. *Du Mir aux Agrovilles*. Paris: Institut du Monde Sovietique et de l'Europe Centrale et orientale.

———. 1966. "A.V. Chayanov: Life, Career, Works." In Chayanov, *Theory of Peasant Economy*.

Kessel, Joop van. 1990. "Productieritueel en technisch betoog bij de Andesvolkeren." *Derde Wereld* 1, 2.

Kinsella, J., P. Bogue, J. Mannion and S. Wilson. 2002. "Cost Reduction for Small-Scale Dairy Farms in County Clare." In Ploeg, Long and Banks (eds.), *Living Countrysides*. Doetinchem, The Netherlands: Elsevier.

Lacroix, A. 1981. *Transformations du Proces de Travail Agricole, Incidences de l'Industrialisation sur les Conditions de Travail Paysannes*. Grenoble, France: INRA.

Lallau, Benoit. 2012. "De la modernité des paysans." *La Découverte/Revue Française de Socio-Economie* 1, 9.

Langthaler, Ernst. 2012. "Balancing Between Autonomy and Dependence: Family Farming and Agrarian Change in Lower Austria, 1945–1980." In Günter Bischof and Fritz Plasser (eds.), *Austrian Lives*. New Orleans: Contemporary Austrian Studies XXI.

Lawner, Lynne. 1975. *Letters from Prison by Antonio Gramsci*. London: Jonathan Cape.

172

Lenin, Vladimir Illich. 1961 [1906]. "The Agrarian Question and the 'Critics of Marx.'" In *Collected Works*, V. Moscow: Foreign Languages Publishing House.

Li Xiaoyun, Qi Gubo, Tang Lixia, Zhao Lixia, Jin Leshan, Guo Zhanfeng and Wu Jin. 2012. *Agricultural Development in China and Africa: A Comparative Analysis*. London: Routledge.

Lippit, V.D. 1987. *The Economic Development of China*. Arkmont, NY: Sharpe.

Lipton, M. 1977. *Why Poor People Stay Poor: Urban Bias in World Development*. London: Temple Smith.

** Little, Daniel. 1989. *Understanding Peasant China: Case Studies in the Philosophy of Science*. New Haven, CT: Yale University Press.

Long, Norman. 1984. *Family and Work in Rural Societies: Perspectives on Non-Wage Labour*. London: Tavistock. Long, N., and A. Long. 1992. Battlefields of Knowledge: The Interlocking of Theory and Practice in Social Research and Development. London: Routledge.

Luxemburg, Rosa. 1951 [1913]. *The Accumulation of Capital*. London: Routledge. 〔長谷部文雄訳『資本蓄積論』績文堂出版、2006 年〕

Maat, Harro, and Dominic Glover. 2012. "Alternative Configurations of Agronomic Experimentation." In J. Sumberg and J. Thompson (eds.), *Contested Agronomy*. London: Routledge.

Mann, S., and J. Dickinson. 1978. "Obstacles to the Development of a Capitalist Agriculture." *Journal of Peasant Studies* 5, 4.

Mariátegui, José Carlos. 1928. *7 Ensayos de interpretación de la realidad Peruana*. Lima: Amauta. 〔原田金一郎訳『ペルーの現実解釈のための七試論』柘植書房、1988 年〕

Martinez-Alier, J. 1991. "The Ecological Interpretation of Socio-Economic History: Andean Examples." *Capitalism Nature Socialis*m 2, 2.

Marx, Karl. 1963 [1852]. *The Eighteenth Brumaire of Louis Bonaparte*. New York: International Publishers. 〔丘沢静也訳『ルイ・ボナパルトのブリュメール 18 日』講談社学術文庫、2020 年〕

―――. 1951 [1863]. *Theories of Surplus Value*. London: Lawrence and Wishart. 〔大内兵衛・細川嘉六監訳『剰余価値学説史』（ドイツ社会主義統一党中央委員会付属マルクス＝レーニン主義研究所編集『マルクス＝エンゲルス全集』第 26(1)-26(3) 巻、大月書店、1969-1970 年〕

Marx, Karl, and Friedrich Engels. 1975. *Collected Works, Volume 24*. New York: International Publishers.

Mazoyer, M., and L. Roudart. 2006. *A History of World Agriculture*. London: Routledge.

MDA (Ministério do Desenvolvimento Agrário). 2009. *Agricultura Familiar no Brasil e O Censo Agropecuário 2006*. Brazil: MDA.

Mendras, Henri. 1987. *La Fin des Paysans, suivi d'une reflexion sur la fin des pasans: Vingt Ans Aprés*. Paris: Actes Sud. 〔津守英夫訳『農民のゆくえ――フランス農村社会の変化と革新 (イノベーション)』御茶の水書房、1973 年〕

―――. 1970. *The Vanishing Peasant: Innovation and Change in French Agriculture*. Cambridge: Cambridge University Press.

Milone, P. 2004. Agricoltura in transizione: la forza dei piccoli passi; un analisi neo–istituzionale delle innovazioni contadine. PhD diss., Wageningen University.

Mitchell, T. 2002. *Rule of Experts: Egypt, Techno-Politics, Modernity*. Berkeley: University of California Press.

Moore, Barrington, Jr. 1966. *Social Origins of Dictatorship and Democracy: Lord and Peasant in the*

Making of the Modern World. London: Penguin University Books. 〔宮崎隆次・森山茂徳・高橋直樹訳『独裁と民主政治の社会的起源——近代世界形成過程における領主と農民』（上・下）岩波文庫、2019 年〕

Mottura, Giovanni. 1988. "Prefazione A.V. Čajanov: proposte per una possibile linea di lettura di alcuni lavori." In *Čajanov, Aleksandr Vasil'evč, L'economia di lavoro, scritti scelti*. Milan: Franco Angeli/INSO.

Negri, Antonio. 2008. *Reflections on Empire*. Cambridge: Polity Press.

* Netting, Robert. 1993. *Smallholders, Householders: Farming Families and the Ecology of Intensive, Sustainable Agriculture*. Stanford, CA: Stanford University Press.

Norder, Luiz A. Cabello. 2004. *Políticas de Asentamento e Localidade: os desafios da reconstituçao do trabalho rural no Brasil*. Wageningen, The Netherlands: Wageningen University.

Oostindie, Henk. 2013. Multifunctional Agricultural Pathways: Bundles of Resistance, Redesign and Resilience. Wageningen, The Netherlands: Wageningen University.

Oostindie, Henk, Pieter Seuneke, Rudolf van Broekhuizen, Els Hegger and Han Wiskerke. 2011. *Dynamiek en robuustheid van multifunctionele landbouw, rapportage onderzoeksfase 2: emprisich onderzoek onder 120 multifunctionele landbouwbedrijven*. Wageningen, The Netherlands: LSG Rurale Sociologie, Wageningen University.

Osti, G. 1991. *Gli innovatori della periferia, la figura sociale dell'innovatore nell'agricoltura di montagna*. Torino, Italy: Reverdito Edizioni.

Ostrom, E. 1990. *Governing the Commons: The Evolution of Institutions for Collective Action*. Cambridge: Cambridge University Press. 〔原田禎夫・齋藤暖生・嶋田大作訳『コモンズのガバナンス——人びとの協働と制度の進化』晃洋書房、2022 年〕

Paredes, M. 2010. *Peasants, Potatoes and Pesticides: Heterogeneity in the Context of Agricultural Modernization in the Highland Andes of Ecuador*. Wageningen, The Netherlands: Wageningen University.

Paz, R. 2006. "El campesinado en el agro argentino: Repensando el debate teórico o un intento de reconceptualización." *Revista Europea de Estudios Latinoamericanos y del Caribe* 81.

Perez, Julian. 2012. *A construção social de mecanismos alternativos de mercados no âmbito da Rede Ecovida de Agroecologia*. Paraná, Brazil: MADE-UFPR.

Pérez-Vitoria, Sylvia. 2005. *Les paysans sont de retour, essai*. Arles, France: Actes Sud.

Ploeg, Jan Douwe van der. 2008. *The New Peasantries: Struggles for Autonomy and Sustainability in an Era of Empire and Globalization*. London: Routledge.

_____. 2003. The Virtual Farmer: Past, Present and Future of the Dutch Peasantry. Assen, The Netherlands: Royal Van Gorcum.

_____. 2000. "Revitalizing Agriculture: Farming Economically as Starting Ground for Rural Development." *Sociologia Ruralis* 40, 4.

_____. 1990. *Labour, Markets, and Agricultural Production*. Boulder, CO: Westview Press.

Ploeg, J.D. van der, J. Bouma, A. Rip, F. Rijkenberg, F. Ventura and J. Wiskerke. 2004. "On Regimes, Novelties, Niches and Co-production." In J.S.C. Wiskerke and J.D. van der Ploeg (eds.), *Seeds of Transition: Essays on Novelty Production, Niches and Regimes in Agriculture*. Assen, The

Netherlands: Royal van Gorcum.

Ploeg, J.D. van der, A. Long and J. Banks. 2002. *Living Countrysides: Rural Development Processes in Europe — The State of Art.* Doetinchem, The Netherlands: Elsevier.

Ploeg, J.D. van der and Ye Jingzhong. 2010. "Multiple Job Holding in Rural Villages and the Chinese Road to Development." *Journal of Peasant Studies* 37, 3.

Ploeg, J.D. van der, Ye Jingzhong and Sergio Schneider. 2012. "Rural Development Through the Construction of New, Nested Markets: Comparative Perspectives from China, Brazil and the European Union." *Journal of Peasant Studies* 39, 1.

** Polanyi, K. 1957. *The Great Transformation: The Political and Economic Origins of Our Time.* Boston: Beacon Press. 〔野口建彦・栖原学訳『「新訳」大転換——市場社会の形成と崩壊』東洋経済新報社、2009 年〕

Richards, Paul. 1985. *Indigenous Agricultural Revolution: Ecology and Food Production in West Africa.* London: Unwin Hyman.

Rip, A., and R. Kemp. 1998. "Technological Change." In S. Rayner and E.L. Malone (eds.), *Human Choice and Climate Change.* Vol. 2. Columbus, OH: Battelle Press.

Roep, D. 2000. *Vernieuwend werken; sporen van vermogen en onvermogen (een socio-materiele studie over vernieuwing in de landbouw uitgewerkt voor de westelijke veenweidegebieden).* Wageningen, The Netherlands: Circle for Rural European Studies, Wageningen University.

Rooij, S.J.G. de. 1994. "Work of the Second Order." In Leendert van der Plas and Maria Fonte (eds.), *Rural Gender Studies in Europe.* Assen, The Netherlands: Royal Van Gorcum.

Rosset, Peter Michael, Braulio Machín Sosa, Adilén María Roque Jaime and Dana Rocío Ávila Lozano. 2011. "The Campesino-to-Campesino Agroecology Movement of ANAP in Cuba: Social Process Methodology in the Construction of Sustainable Peasant Agriculture and Food Sovereignty." *Journal of Peasant Studies* 38, 1.

Rosset, Peter Michael, and Maria Elena Martinez-Torres. 2012. "Rural Social Movements and Agroecology: Context, Theory, and Process." *Ecology and Society* 17, 3.

Sabourin, E. 2006. "Praticas sociais, políticas públicas e valores humanos." In S. Schneider (ed.), *A Diversidade da Agricultura Familiar.* Porto Alegre, Italy: UFRGS Editora.

Saccomandi, V. 1998. *Agricultural Market Economics: A Neo-Institutional Analysis of Exchange, Circulation and Distribution of Agricultural Products.* Assen, The Netherlands: Royal van Gorcum.

Salas, Maria, and Hermann Tilmann. 1990. "Andean Agriculture — A Development Path for Peru?" In ILEA newsletter, March.

Salter, W.E.G. 1966. *Productivity and Technical Change.* Cambridge: Cambridge University Press.

Savarese, E. 2012. *Young People's Perception of Rural Areas: A European Survey Carried Out in Eight Member States.* Rome: Rete Rurale, Ministero delle Politiche Agricoli, Alimentari e Forestali.

* Schneider, S., and P. Niederle. 2010. "Resistance Strategies and Diversification of Rural Livelihoods: The Construction of Autonomy among Brazilian Family Farmers." *Journal of Peasant Studies* 37, 2.

Schneider, S., S. Shiki and W. Belik. 2010. "Rural Development in Brazil: Overcoming Inequalities and Building New Markets." *Rivista di Economia Agraria* LXV, 2

Schutter, Olivier de. 2011. "How Not to Think of Land-Grabbing: Three Critiques of Large-Scale

Investments in Farmland." *Journal of Peasant Studies* 38, 2.

** Scott, James C. 2009. *The Art of Not Being Governed: An Anarchist History of Upland Southeast Asia.* New Haven, CT: Yale University Press.〔佐藤仁監訳『ゾミア——脱国家の世界史』みすず書房、2013 年〕

** _____. 1998. *Seeing Like a State: How Certain Schemes to Improve the Human Condition Have Failed.* New Haven, CT: Yale University Press.

_____. 1976. *The Moral Economy of the Peasant.* New Haven, CT: Yale University Press.〔高橋彰訳『モーラル・エコノミー——東南アジアの農民叛乱と生存維持』勁草書房、1999 年〕

Sender, J., and D. Johnston. 2004. "Searching for a Weapon of Mass Production in Rural Africa: Unconvincing Arguments for Land Reform." *Journal of Agrarian Change* 4, 1 & 2.

Sennett, R. 2008. *The Craftsman.* New Haven, CT: Yale University Press.〔高橋勇夫訳『クラフツマン——作ることは考えることである』筑摩書房、2016 年〕

Sevilla Guzman, Eduardo. 1990. "Redescubriendo a Chayanov: hacia un neopopulismo ecológico." *Agricultura y Sociedad* 55.

Sevilla Guzman, Eduardo, and Manuel González de Molina. 2005. *Sobre a evolução do conceito de campesinato.* Brasília: Via Campesina do Brasil/Expressão Popular.

** Shanin, Teodor. 2009. "Chayanov's Treble Death and Tenuous Resurrection: An Essay About Understanding, About Roots of Plausibility and About Rural Russia." *Journal of Peasant Studies* 36, 1.

_____. 1986. "Chayanov's Message: Illuminations, Miscomprehensions, and the Contemporary 'Development Theory.'" Introduction to A.V. Chayanov, *The Theory of Peasant Economy.* Madison: University of Wisconsin Press.

Slicher van Bath, B.H. 1978. "Over boerenvrijheid (inaugurele rede Groningen, 1948)." In B.H. Slicher van Bath and A.C. van Oss (eds.), *Geschiedenis van Maatschappij en Cultuur.* Baarn, The Netherlands: Basisboeken Ambo.

_____. 1960. *De agrarische geschiedenis van West–Europa, 500–1850.* Utrecht/Antwerpen, The Netherlands: Het Spectrum.〔速水融訳『西ヨーロッパ農業発達史　慶応義塾経済学会経済学研究叢書 9』日本評論社、1969 年〕

Sonneveld, M.P.W. 2004. "Impressions of Interactions: Land as a Dynamic Result of Co-Production between Man and Nature." PhD diss., Wageningen University.

Sperotto, F. 1988. "Aproximación a la vida y a la obra de Chayanov." *Agricultura y Sociedad* 48

Spoor, Max. 2012. "Agrarian Reform and Transition: What Can We Learn From 'The East'?" *Journal of Peasant Studies* 39, 1.

Steenhuijsen Piters, B. de. 1995. *Diversity of Fields and Farmers: Explaining Yield Variations in Northern Cameroon.* Wageningen, The Netherlands: Agricultural University.

Stoop, Willem A. 2011. "The Scientific Case for System of Rice Intensification and its Relevance for Sustainable Crop Intensification." *International Journal of Agricultural Sustainability* 9, 3.

Sumberg, J., and C. Okali. 1997. *Farmers' Experiments: Creating Local Knowledge.* Boulder, CO: Lynne Rienner Publishers.

Sumberg, James, and John Thompson (ed.). 2012. *Contested Agronomy: Agricultural Research in a Changing World.* London: Routledge.

Sumberg, James, John Thompson and Philip Woodhouse. 2013. "Why Agronomy in the Developing World Has Become Contentious." *Agriculture and Human Values* 30, 1.

Thiesenhuisen, W.C. 1995. *Broken Promises: Agrarian Reform and the Latin American Campesino.* Boulder, CO: Westview Press.

* Thorner, D. 1966. "Chayanov's Concept of Peasant Economy." In Chayanov, *Theory of Peasant Economy.*

Timmer, C.P. 1970. "On Measuring Technical Efficiency." *Food Research Institute Studies in Agricultural Economics, Trade and Development* 9, 2.

Timmer, W.J. 1949. *Totale Landbouwwetenschap, een cultuurphiloophische beschouwing over landbouw en landbouwwetenschap als mogelijke basis voor vernieuwing van het landbouwkundig hoger onderwijs.* Groningen, The Netherlands: Wolters.

Toledo, Victor M. 2011. "La agrocología en Latinoamercia: tres revoluciones, una misma transformación." *Agroecología* 6

*_____. 1990. "The Ecological Rationality of Peasant Production." In M. Altieri, *Agroecology and Small Farm Development.* Ann Arbor, MI: CRC Press.

Vanloqueren, G., and P.V. Baret. 2009. "How Agricultural Research Systems Shape a Technological Regime that Develops Genetic Engineering but Locks Out Agroecological Innovations." *Research Policy*, 38.

Veltmeyer, H.. 1997. "New Social Movements in Latin America: The Dynamics of Class and Identity." *Journal of Peasant Studies* 25, 1.

Ventura, F. 2001. "Organizzarsi per Sopravvivere: Un analisi neo-istituzionale dello sviluppo endogeno nell'agricoltura Umbra." PhD diss., Wageningen University.

_____. 1995. "Styles of Beef Cattle Breeding and Resource Use Efficiency in Umbria." In J.D. van der Ploeg and G. van Dijk (eds.), *Beyond Modernization: The Impact of Endogenous Rural Development.* Assen, The Netherlands: Royal Van Gorcum.

Vera Delgado, J. 2011. "The Ethno-Politics of Water Security: Contestations of Ethnicity and Gender in Strategies to Control Water in the Andes of Peru." Wageningen, The Netherlands: Wageningen University.

Vijverberg, A.J. 1996. *Glastuinbouw in ontwikkeling, beschouwingen over de sector en de beinvloeding ervan door de wetenschap.* Delft, The Netherlands: Eburon.

Visser, Jozef. 2010. "Down to Earth: A Historical-Sociological Analysis of the Rise and Fall of 'Industrial' Agriculture and the Prospects for the Re-rooting of Agriculture from the Factory to the Local Farmer and Ecology." PhD diss., Wageningen University.

Vitali, S., J.B. Glattfelder and S. Battiston. 2011. "The Network of Global Corporate Control." <arxiv.org/abs/1107.5728v1>.

Vlaslos, Stephen. 1986. *Peasant Protests and Uprisings in Tokugawa, Japan.* Berkely: University of California Press.

Vries, Egbert de. 1948. *De Aarde Betaalt: de rijkdommen der aarde en hun betekenis voor de wereldhuishouding en politiek.* Den Haag, The Netherlands: Uitgeverij Albani.

_____. 1931. *De landbouw en de welvaart in het regentschap Pasoeroean, bijdrage tot de kennis van de sociale economie van Java.* Wageningen, The Netherlands: Landbouwhogeschool.

Wanderley, Maria de Nazareth Baudel. 2009. "Em busca da modernidade social: uma homenagem a Alexander V. Chayanov." In Maria Wanderley, *O mundo rural como um espaço de vida; reflexões sobre a propriedade da terra, agricultura familiar e ruralidade.* Porto Alegre, Brazil: PGDR/UFRGS Editora.

Warman, A. 1976. *Y venimos a contradecir, los campesinos de Morelos y el Estado Nacional.* Mexico City: Ediciones de la Casa Chata.

Wartena, D. 2006. "Styles of Making a Living and Ecological Change on the Fon and Adja Plateaux in South Benin, ca. 1600–1900." PhD diss., Wageningen University.

Weis, Tony. 2010. "The Accelerating Biophysical Contradictions of Industrial Capitalist Agriculture." *Journal of Agrarian Change* 10, 3.

** _____. 2007. *The Global Food Economy: The Battle for the Future of Farming.* London: Zed Books.

White, Ben. 2011. *Who Will Own the Countryside? Dispossession, Rural Youth and the Future of Farming.* The Hague: International Institute of Social Studies.

Wiskerke, J.S.C., and J.D. van der Ploeg. 2004. *Seeds of Transition: Essays on Novelty Production, Niches and Regimes in Agriculture.* Assen, The Netherlands: Royal Van Gorcum.

Wit, C.T. de. 1992. "Resource Use Efficiency in Agriculture." *Agricultural Systems* 40.

Wolf, Eric R. 1969. *Peasant Wars of the Twentieth Century.* New York: Harper and Row.

Woodhouse, Philip. 2010. "Beyond Industrial Agriculture? Some Questions about Farm Size, Productivity and Sustainability." *Journal of Agrarian Change* 10, 3.

Wu Xiang. 1998. "The Tortuous Processes of Rural Reform." *The Century* 3.

Yang, M.C. 1945. *A Chinese Village: Taitou, Shantung Province.* New York: Columbia University Press.

Ye Jingzhong. 2002. *Processes of Enlightenment: Farmer Initiatives in Rural Development in China.* Wageningen, The Netherlands: Wageningen University.

Ye Jingzhong, Rao Jing and Wu Huifang. 2010. "Crossing the River by Feeling the Stones: Rural Development in China." *Rivista di Economia Agraria* 65, 2.

* Ye Jingzhong, Wang Yihuan and Norman Long. 2009. "Farmer Initiatives and Livelihood Diversification: From the Collective to a Market Economy in Rural China." *Journal of Agrarian Change* 9, 2.

Yingfeng Xu. 1999. "Agricultural Productivity in China." *China Economic Review* 10.

Yong Zhao, and J.D. van der Ploeg. 2009. "Telling Data: An Analysis of the Note Book of a Chinese Farmer." *Journal of China Agricultural University* 26, 3.

Yotopoulos, P.A. 1974. "Rationality, Efficiency and Organizational Behaviour Through the Production Function: Darkly." *Food Research Institute Studies* 13, 3.

Zanden, J.L. van. 1985. *De Economische Ontwikkeling van de Nederlandse Landbouw in de Negentiende Eeuw, 1800–1914.* Wageningen, The Netherlands: AAG Bijdragen, Landbouwuniversiteit.

［監修］
ICAS（Initiatives in Critical Agrarian Studies）日本語シリーズ監修チーム
池上甲一（近畿大学名誉教授）
久野秀二（京都大学大学院経済学研究科教授）
西川芳昭（龍谷大学経済学部教授）
舩田クラーセンさやか（明治学院大学 国際平和研究所研究員）
小林　舞（京都大学大学院経済学研究科特定助教）

［監訳者］
池上甲一（いけがみ・こういち）
近畿大学農学部名誉教授
博士（農学・京都大学大学院農学研究科）
　1952年、長野県生まれ。京都大学、近畿大学で教育・研究に従事。特定非営利活動法人西日本アグ
ロエコロジー協会共同代表、家族農林漁業プラットフォーム・ジャパン常務理事。農業の社会経済学
を目指して、日本、アフリカ、アジアの農村を歩き回り、農業・食料、水・環境、アグロエコロジー、
フェアトレード、大規模農業投資などについて研究している。著書に『食と農のいま』（共編著、ナカニ
シヤ出版、2011年）、『農の福祉力』（単著、農山漁村文化協会、2013年）、『現代社会と食の多面的機能』（責
任編集、『季刊農業と経済』、英明企画編集、2022年）、『アフリカから農を問い直す』（分担、京都大学学術出版
会、2023年）、『ほんとうのグローバリゼーションってなに？』（編著、農文協、2023年）など。

［訳者］
松平尚也（まつだいら・なおや）　第1章担当
大学非常勤講師、京都大学農学研究科博士後期課程、農業ジャーナリスト。
専門は有機農業、小農論、農村社会学。有機農業経験を活かして農業者の実践の意義を研究。主な論
文に「有機農家の農場実践の社会学：ブルフ農業社会学の2つの視点からの検討」（『有機農業研究』16
(1)：29-39、2024年）など。

山本奈美（やまもと・なみ）　第2章担当
京都大学大学院農学研究科研究員（非常勤）。
博士（農学・京都大学大学院農学研究科）
専門は食農社会学。近年の著作は「持続可能性と食の正義の実現に向けた有機学校菜園の現状と課題、
可能性―米カリフォルニア州サンタクルーズのライフラボを事例に」（『農業と経済』88(4)、2022年）など。

黒田　真（くろだ・まこと）　第3章、第4章担当
フリーランス研究者
修士（農学・京都大学大学院農学研究科）
専門は東アフリカ地域研究、農業経済学。タンザニアにおける農業の商業化と小農社会の変化に関
する研究を行う。主な論文に「タンザニア，イリンガ州高地農村における商業的トマト栽培の拡大過
程」（『アフリカ研究』59：33-51、2001年）など。

鶴田　格（つるた・ただす）　第5章担当
近畿大学農学部教授
博士（農学・京都大学大学院農学研究科）
専門はアフリカおよび東南アジアの農村社会研究。近年は日本の農村部で在来作物の種子システムの
研究なども始めている。編著に『アフリカから農を問い直す―自然社会の農学を求めて』（京都大学学
術出版会、2023年）ほか。

池上甲一（いけがみ・こういち）　第6章担当
前掲

［著者］

ヤンダウェ・ファンデルプルフ（Jan Douwe Van Der Ploeg）

1950 年生まれ。オランダ・ワーヘニンゲン大学（WUR）名誉教授。中国北京にある中国農科大学（CAU）人文開発研究学院（COHD）の非常勤教授を兼任。ファンデルプルフは長年にわたって調査および小農運動との連携にたずさわってきた。このため、ヨーロッパ、ラテンアメリカ、アフリカ、アジアの諸大陸にわたる広範な地域の農について非常に造詣が深い。著者は今もなお、小農的農業の再認識と強化にむけた地球規模の闘いに関与し続けている。チャヤノフ派の思想を拡げる作業は、この闘いの一部として位置づけられる。

グローバル時代の食と農 5

小農経済が変える食と農
——労働と生命の再生産

2024 年 10 月 25 日　初版第 1 刷発行

監　修	ICAS 日本語シリーズ監修チーム
著　者	ヤンダウェ・ファンデルプルフ
監訳者	池　上　甲　一
訳　者	松　平　尚　也
	山　本　奈　美
	黒　田　　　真
	鶴　田　　　格
発行者	大　江　道　雅
発行所	株式会社 明 石 書 店

〒 101-0021 東京都千代田区外神田 6-9-5
電　話　03 (5818) 1171
Ｆ Ａ Ｘ　03 (5818) 1174
振　替　00100-7-24505
https://www.akashi.co.jp

装丁　　　　　明石書店デザイン室
印刷／製本　　日経印刷株式会社

ISBN 978-4-7503-5835-2

グローバル時代の食と農

ICAS日本語シリーズ監修チーム［シリーズ監修］

A5判／並製

新自由主義的なグローバリゼーションが深化するなかで、私たちの食生活を支える環境も大きな変容を迫られている。世界の食と農をめぐる取り組みにおいて、いま何が行われ、そしてどこへ向かおうとしているのか。国際的な研究者ネットワークICASが新たな視野で展開する入門書シリーズの日本語版。

① 持続可能な暮らしと農村開発
アプローチの展開と新たな挑戦
イアン・スクーンズ 著　西川芳昭 監訳　西川小百合 訳　　　　◎2400円

② 国境を越える農民運動
世界を変える草の根のダイナミクス
マーク・エデルマン、サトゥルニーノ・ボラス・Jr. 著
舩田クラーセンさやか 監訳　岡田ロマンアルカラ佳奈 訳　　　　◎2400円

❸ フードレジームと農業問題
歴史と構造を捉える視点
フィリップ・マクマイケル 著　久野秀二 監訳　平賀緑 訳

④ アグロエコロジー入門
理論・実践・政治
ピーター・ロセット、ミゲル・アルティエリ 著　受田宏之 監訳　受田千穂 訳　◎2400円

⑤ 小農経済が変える食と農
労働と生命の再生産
ヤンダウェ・ファンデルプルフ 著　池上甲一監訳
松平尚也、山本奈美、黒田真、鶴田格 訳　　　　◎2600円

❻ 農業を変える階級ダイナミクス
資本主義的変化の対抗運動
ヘンリー・バーンスタイン 著　池上甲一 訳

❼ 投機化する収穫
金融資本による食と農の支配にどう立ち向かうか
ジェニファー・クラップ、S.ライアン・イサクソン 著　久野秀二 監訳

〈価格は本体価格です〉